U0693144

SUOWEISUIYUEJINGHAO
BUGUOSHIGANXIANGMINGYUN
JIAOBAN

丁鹏

DINGPENG

作 · 品

▼

所谓岁月静好，
不过是敢向命运叫板

天津出版传媒集团

天津人民出版社

图书在版编目（CIP）数据

所谓岁月静好，不过是敢向命运叫板 / 丁鹏著. ——
天津：天津人民出版社，2018.12
　　ISBN 978-7-201-14079-7

　　Ⅰ.①所… Ⅱ.①丁… Ⅲ.①成功心理 – 通俗读物
Ⅳ.①B848.4-49

中国版本图书馆CIP数据核字(2018)第199890号

所谓岁月静好，不过是敢向命运叫板
SUOWEI SUIYUE JINGHAO，BUGUOSHI GAN
XIANG MINGYUN JIAOBAN

出　　　版　天津人民出版社
出 版 人　黄　沛
地　　　址　天津市和平区西康路35号康岳大厦
邮政编码　300051
邮购电话　（022）23332469
网　　　址　http://www.tjrmcbs.com
电子邮箱　tjrmcbs@126.com

责任编辑　陈　烨
策划编辑　孙倩茹
特约编辑　李　羚
装帧设计　八　牛

制版印刷　天津翔远印刷有限公司
经　　　销　新华书店
开　　　本　880×1230毫米　1/32
印　　　张　8.5
字　　　数　200千字
版次印次　2018年12月第1版　2018年12月第1次印刷
定　　　价　42.80元

目 录 C O N T E N T S

敢对命运说"不"的人，运气都不会太差

命运对你百般戏谑，只因你一直犹豫不决

谁不是一边"丧"，一边热泪盈眶

所谓岁月静好，不过是敢向命运叫板

明知梦想遥不可及，你凭什么坚持到底？

生活时刻在我面前展开一道宽阔的河流。

我常常无法横渡，只能认苦作舟，以梦为马。我盼望的卢一跃，带我到河的另一岸。

想起月薪2000的工作，我辞了年薪20万的工作

2013年，我本科毕业，中国高校毕业生人数699万，被称为"史上最难就业季"。2017年，我研究生毕业，高校毕业生人数达到795万。在这"年年都是最难就业季"的四年中，我从签了月薪2千的工作到拒了年薪20万的offer（录取通知）。

即便平台不同、专业不同，面临人生的重要节点，谁也不免困惑与彷徨。找工作就是这样，你有再了不起的梦想，几十份简历投出去也难免感到迷惘。而求职的意义也就在这里。如果不能让人生规划逐渐清晰，月薪2千或2万其实都是看低自己、迷失自己。

我本科毕业于某独立学院会计学专业。大四上学期开学不久，学校召开毕业生就业动员大会。就业办老师挥舞着胳膊肘

子，强调就业形势的复杂、严峻。那时大家对"史上最难就业季"的名号特别恐慌，大家感到沮丧，为什么"史上最难就业季"偏偏被我赶上了？

当时流行的口号是："先就业，再择业。"而我只能"先毕业，再就业"。我有9门功课面临重修，任何一门不过都毕不了业。我尝试作简历，发现自己既没过英语四级，也没过计算机二级；既没有会计初级职称，也没有相关实习经历；需要重修的太多，连成绩单也没有；只有一张会计从业资格证和一张三本的学生证，能不能毕业都不能保证。就算是史上最容易就业季，我也不具备任何竞争力。

我甚至把"爱好旅游、唱歌、运动"都写上了，简历依然空空荡荡。于是我就去上课了。老师问我"不去参加招聘会，来上课干吗？"我才发现上课的都是考研党，就宣布我要考研。同学们纷纷投来崇拜的目光，他们一定是觉得挂了13门课，9门补考都没过的哥们要考研，实在是太励志了！

我故作镇定地筹划考研，准备跨考兰大中国哲学专业研究生。没几天，我把参考书在宿舍摞了一米高，感觉很有气势，就踌躇满志地去上自习了。背了几天单词，我决定还是找工作吧……

当本部学生已经签得差不多时，我还奔走在各个学校的宣讲会、招聘会，感慨万分地看完宣传片，怯生生地递上简历。我只参加过一次宣讲会，当我看到本部毕业的学长们神采奕奕地站在台上讲述他们求职、工作的经历时，感觉他们的生活是那么遥不可及。因为尿，我都不敢去招聘会，让舍友们代投简历，每天躲在宿舍里浏览各大招聘网站，简历一封封投出去，便再无消息。

后来，同学们陆续都找到了工作，我依然没有着落。某天，三碗君说给我推荐一家企业。当他问 HR 要不要英语四级时，HR 说工地上又没有外国人，要四级干吗？我一听就心动了，这是一家多么接地气，又有情怀的企业啊！我当天就投了简历。很快收到通知，让我第二天面试。

那时的我既没有将头发梳成大人模样，也没有穿一身帅气西装；没有一份能打动 HR 的简历，甚至没有一张正式的证件照；笔试、面试都没有准备充分，因为没想到能进入这个环节；当然也没有临场发挥能力，因为还没怎么样就已经开始露怯了……总之两个字，"业余"。

招聘计划是 15 名财务人员。面试结果出来，参加面试的男生几乎都被留了下来，刷了全部的女生。我明白了，用人标准是"男的、活的"。虽然实习期工资每月仅有两千，虽然HR说给我足够的考虑时间，我还是当场就签了。我没有勇气继续寻找了，甚至卑微地想：还好自己不是女生，还能找到这样一份工作！

回想那时大家常挂在嘴边的话："好歹是家国企""这样的企业应该不会太差""好学校的都签了，我怕啥""今年某单位没来招人，估计上届学长学姐缺德，违约了，招聘单位不高兴了"……

我打电话给家里说我找到工作了，并把单位吹得神乎其神。

那年很多同学在高不成与低不就之间选择了低就。理由是"史上最难就业季"能找到工作已经不错了；找工作时累成狗，签了以后就可以过猪一样的生活了。但有另一些人，拥有更强大的内心，更高远的志向。这个世界是属于他们的。

虽然在我仅有的面试中就遇到过性别歧视，但女同学金渐层仍过关斩将，进入了全国Top10的房地产公司；每年拿国家励志奖的女同学安哥拉考上了西安市某事业单位；女生布偶，也是班里的文艺委员，考上了本部的研究生……

那些毕业后回家继承股份，迎娶白美富，走上人生巅峰的个别人就不提了……

大四下学期，我通过了所有重修的科目，才发现原来挂过的科、重修的课在成绩单上都会醒目地体现出来……随着电影《致我们终将逝去的青春》大火，我毕业了。

转眼三个月的实习也结束了。我从项目部返回分公司机关。月薪从2000降到了1750。有两百多饭补，但需要相应的发票。平时中午只吃一顿面，早晚馒头就咸菜的我，为了凑发票，就自己去吃火锅、或自己去吃自助，本来想犒劳自己，却尝遍了孤独的滋味……

有一天，我出现了梦魇。一个阴影推开门，进入我位于城中村阴冷、潮湿的屋子，站在我枕头旁边。我动不了，也发不出声。唯有令人窒息的恐惧与无助。终于，我从梦魇中惊醒，也认清了自己的困境。我反思自己为什么如此潦倒？也许只有坚持的是一条错误的方向，前程才如逆水行舟。

我回想自己是如何将简历填满的：文学社社长，本部文学院院刊编辑、两本民刊编辑，报社记者和编辑的实习经历，获过多项征文奖，在多本文学期刊发表过作品，省作协会员……

如果换一个思路，这些我投入过大量时间和精力的爱好，或许也能使我获得相应的回报。我一直想做的不过是一名普通的编辑，阻碍我成为编辑的不过是我现有的专业和学历。

决定考研后，我申请提前去项目部。我发现工地太适合学习了，远离都市的尘喧。闲时大家聚在一起喝酒，我酒精过敏并不参与。除了学习再没有别的娱乐项目。连女生都没有，根本不用注意形象。早上五点随便套件衣服，洗把脸就背单词；晚上泡个脚，倒床上就睡觉……

以前常听人说，当兴趣成了专业/工作也便成了无趣。读研后我才发现，当自己的爱好恰恰是自己所学的专业时，是多么美妙！至少，我的人格没有那么分裂和拧巴了。至少，再也没有挂过科……

我读的是两年制专业硕士，第一年还是新兵蛋，第二年就已经是毕业班。当我还在考博和找工作中犹豫。同学中有人已拿到年薪30万的offer。当我后知后觉买正装、照证件照，请实习过人力资源的同学帮修改简历时，班上同学已经人手数份offer……

出于不可描述的情结，我去听了中建的宣讲会。当某局领导跟我谈到硕士第一年年薪时，我知道曾经我挤破脑袋都进不去的企业，现在已经不会成为我的备份选择了。

我仍然想做一名编辑，于是向一位从事了八年编辑工作的师兄请教编辑的自我修养。师兄说，主要是你要有这样的心理准备，几年后，那些进入企业的同学赚的薪资会是你的三四倍。我再一次尿了，想了很多，比如买房，比如丈母娘……我不知道文学艺术是不是无产者的事业，我不知道现在的我是否仍然配不上我的梦想。

我听从家里的劝说，考上了老家的定向选调生。我问人大毕业同样走定向选调回去的高中同学这工作咋样。他说还算稳定和体面，但你要是还有作家梦就别为了稳定和体面而回来。于是我没有听家里的，放弃了这份offer，继续找工作。

有一天，在某国有投资公司宣讲会上，我一眼就发现全场最漂亮的睫毛姑娘。经过笔试、一对一面试、无领导小组讨论和多对一面试，她和我都拿到了offer。睫毛姑娘说这个公司还可以。在那个富有潜力，房价每平方米一万出头的城市，给我们的起薪是每年二三十万。我意识到逃离北上广，在其他城市还是可以活得比较舒服的。HR了解我的背景，或许认为我比较看重待遇，特意和我说可以申请去他们的香港分公司，年薪8万美金。

妹子很好看，城市很舒服，美金很洋气。可我还是放弃了这份offer。一心一意地等待中国作家协会所属单位的招聘启事出来。

因为我担忧的正是那份舒适。这使我想到，在原单位押了我们五个月工资时，我们也曾心满意足地把那看作是单位在帮我们存钱。虽然我当时月薪只有2千，但我也和他们一样，觉得"还可以"。以至于后来，我对"还可以"这三个字怀有深深地恐惧。我不知道这三个字的背后是否隐藏着"一条没有梦想的咸鱼"。

我想，我灵魂深处永远是那个在野外工地的活动板房，拿着2千月薪，却不务正业地热爱写作的小会计。那个小会计不要安稳，因为他是个一文不名的穷小子，因为梦想折磨着他，他只能变着法地折腾。

所以，我不要舒适，我要找的不只是一份工作，也是我的存在方式。我要的是将青春点燃，而不是颐养天年。我宁愿在追梦的道路上一败涂地，也不愿在温水中杀死自己。即便输，输的也不过是那个4年前的傻小子而已！就当是黄粱一梦。梦醒了，我笑一笑，仍旧做着会计报表。

对不起，我本科不是北大的！

　　考上北大研究生后，最常被问的问题是"那你本科是北大的吗？"通常发生在初次见面，我能感受到对方的期待，我能猜测到对方已经备好了夸赞之词。但，我不得不将对方的期待打个折扣，"不好意思，本科不是北大的"。出于惯性，对方一定会追问"那你本科是哪儿的？""小学校，没什么知名度。"对方觉得你谦虚，或者想为你挽回点颜面，"你说说看。""西安建筑科技大学华清学院。""哦。"最怕空气突然安静……对方的确没听说过，但忘不了客气地恭维一句："那也挺厉害的。"

　　我想这史诗级的尬聊一定不止发生在我身上，因为它太日常了。所有考上"北大"硕博的人都免不了要被问"那你本科是北大"的吗？你想不明白，本科是哪儿重要吗？当然重要。这涉及你在对方的心理定位，是一个"999K 纯金学霸"还是

"银鎏金"或"铜鎏金"的学霸。或许也涉及对方对自己的心理定位。曾经有位外校同学得知我本科的学校对我说："原来北大的生源已经差到这种地步了！"我不知道他是否是故意的。但好一阵儿，我都感觉抱歉，尤其对我们专业41位同学中17位来自北大本校的同学，和其他来自复旦等名校的同学。我想会不会因为我的努力，因为我考上了北大而给北大抹了黑。

其实本科时我就很怕别人问我学校。我于2009—2013年在西安建筑科技大学华清学院读会计学专业，学校名字很长，12个字，一口气说出来有点缺氧。简称也很长，"西建大华清学院"，说的时候未免底气不足。特别羡慕名字短的学校，比如西安交通大学，简称"西安交大"；北京大学，简称"北大"。短促的句式比长句更有效率，也更有力量。

我本科学校是独立学院，也就是三本院校。虽然设在西安建筑科技大学名下；虽然全部师资都和校本部共享；虽然全部专业都在陕西省二批次招生；虽然截至2017年，全国已有23个省取消了第三批次本科，国家也支持全国各省份尽快取消所有批次。但占全国高校总数高达四分之一比例的独立学院与民办大学，仍处于并将长期处于末端的基本情况并没有改变。

　　我有三本学生最常见的那种自卑。甚至在别人问我学校时，回答过西安建筑科技大学。后来发现这么回答不仅有撒谎的心慌，还挺人格分裂的。甚至我都没参加过招聘会，因为听说招聘会看大门的不让三本的学生进。我本科毕业的工作是网投的，干了一年，月薪从1750涨到了2800，涨到2800的那最后6个月押了我6个月工资，我天天担心公司倒闭，就干脆辞职考研了。

　　研究生复试时，一位考官问我本科是哪个学校的。我回答是一所三本院校。考官就没有再问下去。读研以后和同学交流，才明白老师可能只是想问一下师承，既然我从会计学跨文学跨这么猛，也就没有再问师承的必要了。辞职11个月后，我拿到了北大研究生录取通知书。拿到通知书我很忐忑，虽然老师们没有因为我的"出身"放弃我，但入学以后我能融入那个精英的环境里去吗，我甚至为此焦虑到在知乎发帖子，问三本学生考入北大却担心无法融入怎么办？下面有一条回复是，"你能这么问表明考上北大也就是你人生的顶点了"。我感谢当面给予我的所有批评，无论是温和的、还是刻薄的，批评才是人类进步的阶梯。

确实是我自己想得太多、气魄太小。开学以后，我发现园子里的人在自己钻研的领域确有舍我其谁的傲骨，但在为人上却很谦恭。当我第一次看到那句著名的"一流的本科生、二流的研究生、三流的博士生"时，我惊吓得对自己说，怎么办，我成二流了。我要是再努力努力，考上博，就成三流了，这个难题怎么破？

对不起，我本科不是北大的！在通识教育上，我实在比北大本科毕业的同学差了一大截。但在专业领域，我用右手拍着我的左胸说，还可以。

在创作上，我的确像中了邪一样地笃定和坚持。我小学一年级无师自通地给女生递纸条，上面写着"我爱你"，虽然不确定人家小妹子能不能看懂。小学五年级，我情书已经能写出得意之笔，就是每次被学妹撕了以后都有点心疼。初中一年级，我立志成为一名作家，尤其酷爱写诗，每次写完都拿给语文老师看，语文老师不胜其扰，就和班主任举报我有早恋迹象，害我被找了两次家长。高中时我砥砺前行，成绩从高一第一学期期末的年级第16名降到了班级吊车尾，感谢班主任王剑鸣老师对我的成绩抱有不切实际的幻想，没有把我从快班轰出去。高中二年级我开始发表作品，也获了全国中学生语文能力竞赛高二组三等奖。高考时我数学超常发挥考了62分，模考时最低考过30多；语文发挥失常，考了119分。

高考没报汉语言是因为我的成绩只能上三本，三本的学费比较贵，我要哄骗我爸继续供我读书，只能曲线救国。我报了会计学然后忽悠我爸这个专业最火，三本出来也超好找工作。大一结束，我在我们校区注册成立了中文课文学社。当了一段时间社长后我发现影响创作，就挖另一个诗社的墙角，挖来个副社长，让她接替我做文学社社长。此后，我就专心致志地搞创作。大学毕业时我加入了吉林省作家协会。2014年春节，我没回家，就是月薪1750那几个月，我住在月租100元的米家崖村喝着西北风，突然发现北大中文系开设有创意写作专业硕士，其中一门专业课考写作，也就意味着这门专业课不用复习，因为我唯一会的就是写作了。就像抓住了一根救命稻草，于是我认真备考了一年，考上了。开学后选导师，我给比较所张辉教授发邮件，简单陈述了情况，问张老师能不能接受我。等到的回复是欢迎。感谢我导！

研一结束，进行学生综合素质测评，我的学习成绩并不是最好的，但课外加分很不厚道地加满了，于是得了专业第一名，被评为北京大学三好学生。还侥幸获了北京大学专项学业奖学金、杨芙清－王阳元院士奖学金、两次获研究生科学实践创新奖学金，并在北京大学2015年度学生优秀网络作品大赛中获得网文类三等奖。研二时，网教办的老师找到我，让我任北京大学E+网络新青年发展联盟网文组负责人。毕业时，我的毕业作品被评为优秀毕业作品。并以笔试、面试第一的成绩考上了诗刊社编辑岗，与《中国诗词大会》第二季亚军彭敏师兄成了同事。8月，我成为中国作家协会会员，在追求梦想的道路上像少年一样奔驰。

我毕业了，仍然会反思我们的教育。龚自珍在179年前呼唤"我劝天公重抖擞，不拘一格降人才"，为什么今天反而发明出高校鄙视链，不知是教育的进步还是退步。对不起，我本科不是北大的！但我想我考上北大研究生应该没有给北大抹黑，毕业后我仍然会坚持梦想，不辜负北大的培养。我永远感激这段经历，感激北大校园乌托邦一样的开放、民主和理想主义。对不起，我本科不是北大的！但我的本科也是我的青春，也是我一生的财富，也是我的母校，我同样热爱它。我不会因外界的影响而妄自菲薄，也不会因外界的影响而数典忘祖。曾经，我考北大，为了摘掉三本的帽子，如果仅仅满足于这样我就辜负了北大对我的培养。北大教会我的是自信地戴上三本的帽子，这代表一个人拥有了独立的思想。

认苦作舟，以梦为马

　　我出生在东北农村，寒冬腊月，半夜两点，于一座年久失修的土房。土房有东西屋，每屋有南北炕，东西屋间是灶台。"隔着锅台上炕"说的就是这一格局。早前，土房里住着四户人家，四个灶台。但在我记忆里东屋只住着曾祖母、老叔祖孙二人。西屋只住着我的父母。

　　在大人的讲述里，幼年的我反应总是慢半拍，药吞下去以后，面部才渐渐呈现痛苦状，叹一声"苦啊"！针都打完了，才扯着粗嗓子连哭带号。没错，幼年的我体弱多病。我记得常常去的那家儿童医院，为我诊治、扎针的金英爱大夫与她的护士女儿。

　　幼小时针扎在头上。大些了在脚上扎，怕男孩子乱动，医生在我脚底板绑一个扁平的药盒。再大些扎在手上，但还是用小针头，还是在手心固定一个药盒。后来就不绑药盒了，甚至换大针头了。扎之前护士会夸我血管粗，好扎。我觉得她是在为自己打气，当然我也庆幸自己"好扎"，免得多受皮肉之苦。我眼睁睁看着针头瞄准、扎进血管，红色的血液倒流，再被透明的药液推回去。

那年，我可以满地跑了。父母借钱在土房西一百米的地方盖了间小小的瓦房。直到现在，我家一直在这里。盖房子时院子里堆了许多松木杆。我高兴地爬上爬下，扎了满手的松木刺。晚上，母亲用烧过的缝衣针为我挑埋进肉皮里的刺，有的怎么挑也挑不出来。

窗子是死的，夏天屋里闷得要死。父亲把玻璃取下两块来，换上纱布。下雨天雨就斜斜地落进屋里。炕上地下全是雨水。风很大，会把窗帘鼓起来，需要父亲和我压住，母亲擦炕上的水。房子外没有刮大白，红砖裸露着。冬天就很冷。风渗进来，刺骨的冷。炕又不好烧，只有炕头父亲睡的一小块地方有热乎气。母亲就在炕沿上方挂一道绳，垂一条被子，使头部不致被风吹到。当然我们也把头埋在被子里睡。被窝里越来越多的二氧化碳使我感到温暖。

从小到大家里从不买肉。即便过年。有一年，外祖母让二舅给我们送来过年的肉和钱。平日，饭桌上只有一盆白菜。母亲做小半碗辣椒油，夹一筷头涂在白菜片上，便是人间美味。有时母亲把葱叶腌在酱油里。或带我到地头挖野菜，婆婆丁是不常有的，常有的是一种刺菜，回来洗干净，蘸酱吃。叶子边缘有刺，会扎到嘴。母亲叫它"刺菜"，可别人叫它"鸭子食"。

有一年，我家种黄瓜，我要摘一根吃，母亲说，一根黄瓜两毛钱，用一根黄瓜的钱买一根冰棍吃多好。我觉得有道理。当然，母亲并没有给我钱买冰棍。

我们穿母亲从朋友家要来的旧衣裳。别人的旧衣裳却是我们的新衣裳。母亲会告诉我这件衣服或是这双鞋子买的时候一定很贵，我就不管它不合身，不管它旧，高高兴兴穿去学校。

我三四岁就会给大锅烧火。有一次，火蔓延出来，我扑不灭，只好去报告母亲。有一次，柴火续得太满，火喷出来，烧掉了我的眉毛。夏天，我在地头拔草、喷花、浇水、摘菜。冬天，我跪在地上编草帘子，干琐碎的活计，下雪就除雪。能干，是对村庄儿女最高的赞扬。随着年龄增长，我分担家里越来越多的劳动。

　　小学高年级，母亲骑自行车带我去金大夫家打针。我穿着小得不得体的衣服。金大夫的孙子，眼睛大大的，下巴尖尖的，有点像外星人。我进屋时他在看《神奇宝贝》。我兴致勃勃地一起看。看彩色电视机、穿漂亮的新衣服、玩雷速登玩具赛车，是我对城里孩子的全部想象。初中时，三姨把旧的黑白电视给我们，我家便有了第一台电视机。

　　我就读的小学是一所村小。全校一百多学生，十几名教职员工。小时候课本和作文选常常提到"手拉手"活动。我盼望通过这样的活动交到城里的小朋友。透过他们的眼睛看另一个世界，和他们通信，保持着友谊。然而，并没有这样的机会。

　　因为弱小，我偶尔被同学欺负，比如放学路上被男同学摔倒，男生女生都聚过来一起向我身上踢雪。比如路上积满雨水，高年级的同学故意跺脚使泥点溅满我的校服。现在想来大概是顽皮的小孩子在同我疯闹。只是我性格内向，所以感到屈辱。

　　我家有还不完的饥荒，父母有无法平息的争吵。我胆怯，在他们互相争吵时既不敢动，也不敢发出一点声响。

　　八九岁，我学会偷家里的钱。一次次得手让我上瘾。开始是趁父母不在或睡着，偷翻他们口袋，抽出5元、10元，去小卖店消费一番。一两次后父母即有所察觉，但他们的冷嘲热讽没能制止我。直到最后一次被母亲抓了现行，打了一顿。威胁要告老师，我才真的怕了。那一次，我生平第一次上学迟到。老师问我原因，我不会撒谎，照实说了，但是把结局改了一下，说我后来帮母亲找到了她弄丢的钱，证明了自己是清白的。老师大概明白是怎么回事，特意教育同学们不要拿父母的钱。

小学时常听同学谈论抽烟，比如怎样把烟吸进肺里再吐出来，怎样吐烟圈。回到家里，我翻出招待客人的香烟，抽出一根，点燃。抽了一口，呛得咳嗽。正好母亲从地里回来，我看见母亲，赶紧把烟扔到柜空里。母亲还是看见了或闻见了，揍了我一顿。因为我把烟扔柜空里有可能引发火灾，母亲想到这儿，又踢了我几脚。此后，我再不碰烟。

有很长一段时间，我的母亲常常打我。有时候无缘由地，也会掐我几下。我讨厌她掐我，不如揍我。因为被掐很疼，又很屈辱。我还讨厌她偷看我写的情书。我讨厌她笑的样子，她笑时同她哭泣时一样，情绪失控。

小学低年级我患上尿不尽，饭后至睡前，隔几分钟要去小便一次。如同西西弗斯一次又一次将巨石推向山顶，我也一次又一次试图排尽体内的尿液。痛苦万分，疲惫至极。母亲总会给我买三金片。一次三片，我吃！吃！吃！就像我感冒，总会注射复方头孢。童年没有割除的扁桃体，总在我上火时发炎！没关系，打青霉素红霉素，我对任何药剂都不过敏。

高年级时，有一晚，在睡梦中，突然被父亲的大叫惊醒，打开灯，看见父亲四肢绷紧开始抽搐，脚一下一下地撞击墙壁，眼睛瞪得溜圆，口吐白沫。后来又吐出血——是咬破了舌头。母亲吓哭了，叫了几声"大伟"，匆忙披件衣服，赤脚跑到祖父家。那一晚，祖父来了，惊动了四邻，一些有年纪的长辈也来了。祖父掐父亲人中，试图唤醒父亲。半小时过后，父亲停止抽搐，闭上眼睛，呼呼大睡。

后来知道，父亲患了癫痫。村里人的说法，实病虚病都要治。"实病"要去医院治，父亲去了白求恩医院，吃了开回来的药以后记忆力下降，反应迟钝，呆滞，人际交往能力下降。后来又吃部队买回来的治癫痫的药，没有见效，又太昂贵，吃几个疗程就不再吃了。又在市里一家诊所接受电击治疗，被骗去几万块钱。现在，父亲每天吃"治痫灵"，可延长犯病的周期，但不能去根。

　　"虚病"要找"大仙"或"半仙"看。他们或是农村远近闻名的巫婆，或是城市大隐隐于市的巫师。母亲本着"宁可信其有"的原则，通过各种渠道寻访他们，虔诚地拿出钱，供奉他们的香火，请他们做法，祛除父亲身上的邪病。我见过他们"做法"，先是念念有词，然后用一根烟或一碗酒引"仙儿"附他们体。之后就用"仙儿"的口吻为母亲答疑解惑，指点门道。母亲曾对巫医们深信不疑。然而沉重的经济负担并不能使母亲每月拿出一笔钱来祛除虚病。只有父亲又犯病了，母亲才惶惶不安地东凑西凑一些钱去请"大仙"们看看。

　　每天晚上，睡觉时，我和母亲神经都高度紧张，担心父亲犯病。父亲犯病时恐怖的样子使我们受到了惊吓。小学毕业，母亲出走，我就独自承受着这种担惊受怕。我家只有一铺炕，很小，我挨着父亲睡。父亲伸个懒腰或发出些声响，我都会紧张地打开灯，看看父亲是不是犯病了，看到他正安睡着，我才关了灯，安心地睡。父亲犯病的时候，恍如受到惊吓般的大叫会惊醒我，我赶紧下地，洗好毛巾，擦父亲吐出的白沫，看管父亲不使他咬到舌头，为父亲按摩抽搐的身体。

　　小学一年级时班上有三十几名同学，六年级只剩下十几名。

有转学的，有不念的。不念的同学回家帮忙种地，或跟着亲人去远方打工。我的考试成绩，除了一次并列第三，每次都是第一名。高年级时，母亲在镇里给我报了个作文班。我去的第一天，老师介绍我"新来的丁鹏，每次考试都是第一名"。同学们七嘴八舌问我考多少分，我说了，他们说就这点分他们也能考第一。他们是镇里中心小学的学生。

我曾想过当一名数学家。小学时，我代表学校参加一个奥数比赛，成绩是倒数第三名。老师安慰我，说"还抓住俩呢"。我却很沮丧。我也曾幻想过当一名画家，但没有老师教，我又不能够无师自通，只能作罢。倒是那次作文班的缘故，我对写作有了最初的向往。

母亲出走后，父亲变得易怒、冷漠。他常常对我说的一句话是："你妈都不要你了，你还觉着不错呢。"父亲打电话给外祖父，说不让我念了，让我下地干活。外祖父最终说服父亲，让我去了市里最好的私立学校读书。每年的学费是两千元。我成了父亲的负担。每次向父亲讨要学费、生活费。父亲嫌弃的态度都让我无地自容。

我理解母亲，对她没有怨恨。但不知为什么，我抵触和她通电话，她两三个月会给我打一通电话，我从不主动给她打。我与父母都无话可说，却疯魔地爱上了写作。与此同时，我早恋了。我暗恋班上一位品学兼优的女孩。从小升初考试到后来的考试，她一直保持年级组前十名的优异成绩。一个年级有十几个班。有一次，放寒假前的班会上，广播通知去教务处领奖状，她是班级第一名，被授予"三好学生"，我是第四名，被授予"优秀团员"。

曾祖母的大儿子，即我的大爷爷毕业于中国地质学院（现中国地质大学）。曾祖母曾给我讲大爷爷夜里读书的故事。她说："尚文呐！别点灯了，煤油贵啊！"大爷爷就熄了灯，在窗根底下借着月光看书。她说大爷爷就是因为这样才戴了很厚的眼镜。大爷爷英年早逝。后来三爷爷三奶奶也相继去世。曾祖母就带着孤儿——我老叔一直生活在那座土房里。曾祖母的炕上铺着席子。我不喜欢席子，因为常常弄伤我的脚趾。我初中二年级时，曾祖母去世了。

我家屋后是片稻田，稻田里坐落着几十座坟茔。没有碑，坟前用三块砖垒起一个小门，供灵魂出入。我的曾祖父、曾祖母、三爷爷、三奶奶就葬在那里。每年清明我和父亲去上坟。

坟上长满荒草，父亲带着锹，将荒草从根部以上削去，再填上新土。有时会见到几处远远的新坟，黄土堆得很高。坟上没有一点草。

初中，我幻想一位有势力的学长或校外的混混能罩着我，能避免我受同学的欺负。一次，一个高个子同学拽着我的衣领威胁把我从楼上扔下去，他向我要20块钱，而我并没有钱。还有一次，我顶撞同桌，那个经常欺负人的男生。他数落我"有什么资本？"我没有资本，我父亲是老实巴交的农民，我是身体孱弱的学生，我长得又矮又难看，个性古怪，还不思进取，学习成绩一路滑坡。

我每天写下忧伤的诗行，广阔生活给予我的磨难和我对大千世界的爱同样罄竹难书。我开始深思人生的意义，梦想成为徐志摩一样的诗人，世人都爱我笔下的诗句，有女孩子喜欢我。直到有一天，我的班主任读到我的诗。放学后，他留下我。问我什么原因导致成绩下降。父母不幸的婚姻吗？看上了哪班的姑娘吗？想回家种地，娶媳妇吗？从头到尾，我一言不发。老师气得不再管我。但上课时，他还是忍不住问我为什么总是蹙着眉头？

　　中考成绩下来，我以两分之差没有考上市重点高中。语文老师在我的诗集上写下一句话："你一定要考上大学，你会成为一名校园诗人。"

　　初中毕业，我继续读私立高中，学费每年一千六。父亲的账本记录着我的每一笔花费，父亲说我每年得花一万块。他说他供了我，我要是考不上大学，就回家种地。我仍然在那所"贵族学校"里穿着最寒酸的衣服，每天写朦胧没有长进的诗。而且，我开始起青春痘了。一张坑坑洼洼的脸令我更加自卑。

　　我有两颗大板牙，而且是四环素牙，也让我自卑。小学同学嘲笑我是"牙擦丁"。到了初中，小姨教我一个办法，笑的时候抿嘴，不让牙齿露出来。从那以后，我再也不敢笑，也不会笑了。偶尔笑的时候很不自然，也是难看的。

　　高中文理分科，我以文科生第十六名的成绩被分到文科快班。班主任是一位公立学校退休后返聘到我们学校教数学的老头。有一次，他把我叫到走廊里，问我喜欢谁的诗，我说喜欢普希金的。他回到教室，对同学说："普希金的诗，记住一首就够了：假如生活欺骗了你……"

　　虽然贫困，但汶川地震的时候我还是捐了一百。老头很高兴。把6位捐了一百的同学名字写在班级后面的黑板报上。在全班同学面前表扬我，说我有两个优点：一个是执着，一个是善良。

我偶然从外祖母家得到一本《革命伟人传》。我喜欢传记里的马克思和孙中山。马克思教育我要为全人类谋福利，孙中山告诉我"天下为公"。那段时间父亲从旧货市场为我买了十来本书，《卓雅和舒拉的故事》《母亲》《青年近卫军》……我看得津津有味。

一次，东北师大来实习的学生代替班主任主持班会。她让我们谈一谈自己的理想，我说要为全人类谋福利。她问我怎样实现这一理想，我说要成为一名哲学家。但当时我的成绩并不好，但是我在周记中写道："我要考入北京大学哲学系。"语文老师的批注是："加油……"

不幸的是，我又暗恋上同班的一名女生。她很可爱，有一点娇气。她的一举一动，都令我着迷。有一回，我从走廊往教室走。看见她的男朋友在走廊尽头的窗户旁吻了她。我手足无措地经过他们，并暗自失落了许多日子。这种失落，不同于每周调换座位，她的座位换得远了，我在教室后排不能望到她时不是失落，而是感到绝望。

高考成绩出来，我差七分没能上二本线。当我在纠结报一个三本还是专科的时候。父亲提醒我他早说过了，考不上就在家种地。有一天，我和我的祖父在地里锄草。他说："你看你爸那么累，你就别念了，在家帮他干活呗。"我死活不肯，惹恼了祖父。那段时间，因为坚持上学，我成了全家人眼中的逆子。

在母亲的劝说下，父亲勉强答应供我上大学。从此，母亲也开始汇钱给我。大学的学费是每年8500元。秋天，我拿着录取通知书，连背带提四五个大包小包，从老家梅河口市，坐30多个小时硬座来到西安。我将两个实在拿不过来的行李寄存在西安火车站，又匆匆买了两个小时后开往兰州的火车票。没买到坐票，我一路站着。因为疲倦，站着都能睡着。

此去是向远在白银的五姨借4000块钱凑足学费。五姨和小姨合伙开了家火锅店，我帮着干了一个星期的活。走之前，五姨把我叫到小包间，她躺在凳子拼成的长椅上，说这个钱是借给我的，如果父亲还不上，就由我还。然后，教育我要省着花钱。我低着头，频频点头。

大一下学期，母亲邀我去她所在的城市过年。冬天很冷，母亲租的是一个月70块钱的简陋民房，更冷。那段日子，我们靠一个"小太阳"取暖。我怕费电，开一会儿，暖和过来了就关掉。水龙头在屋外，常常被冻住。出不来水，我就无法洗脸。有水的时候，水壶里烧的是浑浊如牛奶的碱性很大的水。母亲每天喝这种水。

母亲每天吃大把药，大概有多种疾病。有一次，我听她和二姨说："等丁鹏结完婚我就自杀，我现在浑身都疼，活着太难受了。"我想起小时候母亲和我说过，如果她把自己卖了，能换10万块钱，就能让我过上好日子了。说完母亲就哭，我也跟着哭。那时候大概真有这样一种买卖，我曾听二姨说过同样的话。

除了摆摊卖一些裤头和袜子，母亲也在朋友经营的旅馆当服务员。母亲对我说，有的客人特别坏，往暖壶里尿尿，母亲要常常清洗那些暖壶。母亲用皮筋和布头为我做了一个钱包，皮筋像腰带一样把钱包固定在肚皮上。以防止我乘坐火车的时候钱被别人偷走。

大学里，我学习成绩仍然不好。挂了13门课，9门补考都没过。我所学的是会计学专业，却把大把时间、精力放在业余写作上。我的习作开始在国家级刊物发表、获奖。有一个学期，我没有挂科，加上发表、获奖所加的学分，竟然总分排班级第三，获了奖学金。毕业那年，我加入了吉林省作家协会。

毕业后，我签到一家施工企业做财务人员。先是在吉林省桦甸市的棚户区改造工程实习了3个月。实习期满，回到位于西安市灞桥区的机关工作了4个月。期间，利用周六日考取了驾照。年间，萌生考研的想法，开始购买考研所需的专业课资料。过年我没回家，在房租120元一个月的出租屋里，背了七八遍考研单词。

3月，我被分配到安徽省阜阳市的项目上。做财务、招标、会议记录及其他领导指派的工作。在项目上工作没有假期，任务繁重。好在吃住都不花钱，而且工资一压就是5个月，我得以在7月底辞职时攒了一万块钱。

在职考研的压力，从三本会计学专业跨考北大现当代文学专业的难度迫使我每天四五点起床，赶在8点上班以前学习两三个小时。中午吃过午饭，在办公室桌子上趴睡20分钟，剩余时间都用来学习。晚上吃过晚饭，我会一直学到半夜12点或1点。上厕所都是跑着来回。为克服疲倦，我喝大量的咖啡，不惜拧自己的手臂和大腿。我信奉《牧羊少年奇幻之旅》中的一句话："当一个人战胜困难的决心足够强大的时候，全宇宙的力量都会帮他。"

得知我在准备考研，领导的态度是复杂的。下班后同事们往往聚在一起喝酒，而我独来独往，憋在办公室里一天不出来，同事们的态度也是微妙的。人生难免有遗憾，我没有忘记自己要什么。7月，我说出辞职的想法，遭到家人的一致反对。后来，母亲说，要是辞职了，没考上怎么办？我说再考一年。母亲说，你要是有这个决心就辞吧，别给自己留遗憾。

7月22日，我向项目经理递交了辞职申请书。回到西安灞桥区的机关，办理辞职手续。同事问我："听说你要考研？""嗯。""考哪？""北大中文系。""呵呵，加油……"

我在本科学校旁的城中村租了一个房间，每月300。又在学校的考研自习室占了一个座位。早上五六点简单地洗漱完毕，在出租屋里背一个小时单词，在学校食堂吃过早餐，自习室差不多就开门了，然后开始一天的学习，晚上9点40，自习室关门。带本单词书，回到出租屋背会儿单词，睡觉。暑假过后，自习室可以通宵学习，我就学到深夜12点或1点，一天学满15个小时才回去休息。

夏天，教室装有吊扇，然而我的座位并感觉不到吊扇的风。在最热的几天，大汗淋漓中，我完成了英语10年真题40篇阅读的英译中，通读了张少康的《中国文学理论批评史》与董学文的《西方文学理论史》。我租的房子更是热得睡不着。即便睡在10元钱的凉席上，即便开着35元钱的小风扇，虽然我不舍得让它一直吹着。

9月临近考试报名，我了解到北大中文系开设了创意写作专业。因与我的兴趣更加契合，遂在报名时改报了此专业。疲倦的时候，我鼓励自己："干完这一票，就可以一劳永逸地当个作家了……"我知道现实永远要从我们身上剥夺东西，而梦想是我们唯一拥有的东西。

到了冬天，出租屋又变得十分阴冷，我依旧盖着夏天买的薄被。电热毯是网上淘的便宜货，甚至感觉不到它的热度。我常常在夜半冻醒。打开手机一看，只睡了一两个小时而已，遂蒙头继续睡。早上也会被冻醒，就索性起床。走在路上，寒风凛烈，我是漆黑的路上活动的灯盏。这时百姓厨房尚未开门。偶尔买到包子，因为休息不好，连热乎的包子都咬不动。

我曾无数次想过放弃，因为厌倦、畏惧……但我选择坚持到底。

　　12月27日，考第一门政治时，因为紧张，大题答错了位置。察觉后距考试不足一小时，我要重新誊抄两道大题到正确的位置，又有三道新题要做，时间十分紧张。有一瞬间，我觉得命运，那面目狰狞的巨兽重新阻塞了我的前路。泪抑制不住地流下来，觉得一年的辛苦全白费了。然而就是因为我付出了太多太多，所以不容我轻易放弃。我咬紧牙关答完了所有的题目。最后成绩出来，我如愿通过了初试。

　　3月20日，我背着满满一书包发表的样刊及获奖证书，参加在北京大学人文学苑六号楼举行的2015级中文系研究生面试。叫到我的时候，我走进去，面对五位老师，深深地鞠了一躬。在十分钟的时间里，我回答了纸上列出的几个专业问题。将背过去的作品给老师大概看了一下，回答了对面五位老师的提问，甚至简单讲述了我的故事。拟录取名单出来，我的面试成绩是94分，第二。我如愿考取了北京大学！

　　考上了，我却感到沉重。一年4万的学费，不是我的家庭所能承受的。好在亲戚多，东凑西借也能凑齐上学的费用。我考上研究生的消息在村里传开，村里人颇有微词，包括我的家人。我回到家，每个人都问我："读研究生有工资没？""没有。"话语间已经能够感受到对方的失望。"毕业能给分配工作不？""不能。"对方的眼神变得微妙。"学费一年多少？""4万。"于是大家都劝父亲不要供我读了。

因为申请助学金，父亲把他的病例和残疾人证复印件各给了我一份。父亲说以前白求恩医院的过期了，又花了五六百在镇精神病院新办的，但是钱白花了，没有申请到低保。

生活时刻在我面前展开一道宽阔的河流。我常常无法横渡，只能认苦作舟，以梦为马。我盼望的卢一跃，带我到河的另一岸。盼望丰饶的苦难里孕育出生活的蜜和纯洁的颜色。

寒门学子，你在北大过得好吗？

我坐在静园草坪上，读一篇散文。抬眼望见株金黄的树。树冠很大，像一柄撑开的伞。美丽的叶片散落在树根上。行人三三两两，停在树下拍照。我低下头，注意到枯萎的草地，裸露出的黄土。凉爽的西风吹拂我，直至暮色降临。

艰难的考研岁月终于宣告结束，我捧着无上光荣的录取通知书去叩新生活的大门；我终于置身华彩如画、不停被相机定格的百年燕园，却时常感到困惑与迷茫。这一苦闷尚未排遣，两年研究生的时光却即将被剪去十二分之一。

正如一战结束，幸存下来的迷惘一代。我知道我的失落是必经也必将被克服的短暂过渡。校园里一张张自信而匆忙的脸，使我想到使自己忙起来。我报名了两个月后的托福考试。虽然我不确定要留学。但看到别的同学纷纷取得托福、雅思高分，我也不能被落下。像小学生家长看到别的孩子报了课外补习班也把自己小孩的课余时间规划得满满的一样：人生像是一场竞赛，我们不能被落下。

我硬着头皮给每一串字母赋予一串意义，却不知道我如此做的意义。我似乎在做应该做的事，却步入更深一层的困境。在学术道路上按部就班，留学读文学博士，回来做高校教师。是我想要的自由、有想象力的生活吗？当然不是。但我也没有勇气追逐我想要的生活。想要做什么，这不是高富帅们的事吗？

我确乎没有那样的资格。我是农民的儿子，是半个农民，放假回家和父亲一起干农活。父亲患有癫痫，一次干农活时癫痫病发，脸埋进土堆里，被邻居及时发现，才幸免窒息而死。我没有幸福的家庭，12岁那年父母分居，直至现在。母亲在一个遥远的城市打工，拿着微薄的薪水，晚上摆路边摊卖鞋垫和袜子，有时会被城管抓住，罚款、连货带车一齐没收。她做过子宫切除手术，体弱多病。为了读研究生，我申请了生源地助学贷款，老实巴交的父亲操办了一场升学宴，收了亲戚邻居一点礼钱给我带上。北大老师帮我申请到一个田村久美子助学金的名额。

　　我是生活在北大校园的寒门学子，无论将来社会给我贴上怎样的标签，投我以怎样的眼光，对父母、学校，关心、帮助我的每一个人，我永远心怀感激。但像我这样的人要怎样选择脚下的路？一位已工作的哥们对我说，"还是先赚钱吧。"我赞同。对于穷困的家庭，对于日益衰老的父母，我理应肩负起赚钱的责任。

　　我开始找实习，做简历、投网申。我把目标职业定位在记者和互联网企业的产品经理。之所以想做对我十分陌生的"互联网企业的产品经理"，是因为朋友告诉我待遇很好，我为自己规划了一个明确、可行而有"钱途"的未来。剩下的只有学习提升，不懈地向目标靠近。

　　我似乎不再感到迷茫了。我以为会这样。看完《港囧》，我对朋友说我绝口不谈理想了。她却说："也许白天不提，但它们在寂静的夜里，会来挠你的心，让你继续提笔。"我觉得她好可笑，像我做诗人的梦想一样可笑。另一个朋友却对我说"你好可怜"。

　　我的确又感到迷茫了。那是不久后，我偶然聊到辞职考研的经历。我突然感到震动！我想到是什么令我放弃稳定的工作，辞职，在城中村租一间简陋的屋子就开始复习考研的？什么令我选择创意写作这门专业，通过初试、复试来到北大的？是什么令我如此迅速地丢盔弃甲，放弃了当初的理想？作为中国最高学府的毕业生又应该具备什么样的品质？我该如何更好地回馈父母、学校和社会？我开始反躬自省，每一个疑问陷我于更深一重的困境，一重困境又一重困境，何时才能柳暗花明？

托福资料依然稳踞我书桌的半边天，回头看时，却恍如隔世。我也不再野心勃勃地找实习了。意志消沉时微信、微博、豆瓣轮番刷。社交软件使人日益变成碎片化的图片、声音和文字；日益变成网络里被别人豢养的电子宠物。我们借此重塑自己的形象，不仅依照我们的想象重塑，不仅依照虚拟的别人的形象重塑，别人的转发、评论、点赞也在塑造我们。

互联网为我们提供了非人时代对人的想象。如，美颜相机提供对人的样貌的想象，社交软件提供对人的社会属性的想象，VR（虚拟现实）提供对人的行为的想象。虚拟的我们恰似一道飘忽的意识之流，互联网深刻地影响我们的心理、情绪、行为、样貌。在我们编码机器之时，机器也反过来控制人。

互联网时代（我们深深沉溺于此），要如何走脚下的路？我想到初中语文老师教给我的一个词"独处静思"。我们好像从未摆脱过孤独，我们好像从未孤独过。我们惧怕孤独，当孤独感袭来，迅速地投身社交软件的怀抱，我们在那里豢养数以百计的"朋友"，我们与其聊天，我们发微博、朋友圈，都会得到回应。我们好像不孤独。同样，我们好像思考得比任何时代的人更多，但我们独立思考的次数却少得可怜，我们复读机一样借用别人的言语和思想。我们会说，任何话都已有人说过了，他们表达得比我们更好；任何问题都有人思考过了，他们理解得比我们更深。我们在信息大爆炸的时代（泥沙俱下的信息），深陷"博学"的困境。

我们好像无力抵抗互联网对我们的塑造与影响。这使我深感恐惧与不安。当我想起中学教导主任教育"早恋"学生的话："要谈恋爱，到大学谈。"我认为我应该听教导主任的话，谈一场恋爱了，或许爱的力量能助我走出困境。

我喜欢一个女生，她就像我两年前追求过的女生一样。美丽、空灵、沉静、执着，富有韵味与智慧。两年前我几乎要为那个女生放弃一切，陪她回遥远的家乡的县城。虽然我们最终没能走到一起。在爱情的王国里，我像一个没有资本拥有自我的人，总是为了爱无怨无悔地付出，没有原则地让步。像一个乞丐与奴仆。

人是多么容易在爱情里迷失自己，这种迷失的痛苦终将抵消生理的冲动和幻想的迷醉。今天，沉默比开口更难，拥有自我比改变自己更难。例如，我内向，而内向是一个贬义词；我隐忍，而隐忍是令人不安的；我孤独，而不合群的人是一个怪人。所有关心我的人都告诫我要改变性格。我的性格是我的经历养成的，是自然的。而这个社会接受一种范式的性格而不接受我的性格。我要吃得开，就得按照社会的风尚、按照别人的眼光来重塑自己。

多年来，我一直在做一个梦。梦里我是只误入房间的飞蛾，我毫不知情窗子已经关闭。我在透明的玻璃上扑着翅膀，怎么努力都飞不出去，最后精疲力竭，躺在窗台上，如枯叶般死去。我想，这个梦是我全部迷茫的根源。

我想起黑塞，他在《彷徨少年时》中写道："觉醒的人只有一项义务：找到自我，固守自我，沿着自己的路向前走，不管它通向哪里。""所有其他的路都是不完整的，是人的逃避方式，是对大众理想的懦弱回归，是随波逐流，是对内心的恐惧。"

任何人、任何媒介、世界的任何变化都在影响和塑造我们。从小浸淫在学校里的我们就像患有夜盲症，如果没有一盏秉持的明灯，很容易在夜色里迷失自己。这盏明灯就是自我，"自己的路"，就是阿里斯泰俄斯投入大海所见到的三千仙女中唯一能够拥抱他，给他安慰的仙女。

我想人生的这段路，我们是不是走得过于仓促和匆忙，急到来不及仔细地辨认方向？还是我们不会独立思考，我们没有自由意志，我们是未完成的人？如果社会把人变成非人，那人的社会属性就是反人性的。商业社会似乎很重视"人性化"，但作为手段和谎言的"人性化"并不能指引我们。能指引我们的是更深、更本质的人性——自我、灵魂，是解开一切迷茫的钥匙。

我想起坐在静园草坪上读过的那篇散文《生命的滋味》："多希望能把脚步放慢，多希望能够回答大自然里所有美丽生命的呼唤！可是，我总是没有足够的勇气回答它们，从小的教育已经把我塑造成一个温顺和无法离群的普通人，只能在安排好的长路上逐日前行。""请让我终于明白，每一条走过来的路径都有它不得不这样跋涉的理由，请让我终于相信，每一条要走上去的前途也有它不得不那样选择的方向。""请让我，让我能从容地品尝这生命的滋味。"

女生不放弃自我提升有多重要？

微博上收到一位学妹私信，她今年三本三跨上海某985的社会学，以初试第三，复试第十被刷，录取8个人。她承认自己复试没有发挥好，但并不甘心失败，想"二战"。她的父母因为她是女生，一直想让她安定一些，这次考研的失败也令她对父母感到抱歉。她纠结下一步路该怎么走，想听听我的建议。其实类似的事情很多，因为是女生，在学术这条路上受到的质疑就要远大于受到的尊重，承受的压力就要远高于获得的支持。

曾经有一个本科环境科学专业的女生想出国读博，咨询一位本校老师的建议，老师反问道："女生读博要考虑的是你是否要成为居里夫人？即便是居里夫人她的个人生活是否幸福我们也不得而知。"我听了感到很震惊，从来没有一个男生在选择读博的时候有人质疑他是否能成为爱因斯坦，即使成了爱因斯坦，个人生活又是否幸福呢。

有人调侃这个世界上有三种人：男人、女人、女博士。甚至从一个女生嘴里听她津津乐道女博士是UFO（不明飞行物），ugly（丑陋的）、fat（肥胖的）、old（老的）。也就不难理解女HR在招聘的时候对女生性别歧视。有些人因为自己不是女博士、不需要找工作，对性别歧视就可以置身事外，甚至加入对女性的侮辱与损害之中。

或许你也有这样的经历，过年回家，亲戚邻居，甚至动车上坐你旁边的阿姨在得知你考研／考博的计划后都会激动地拉着你的手，以救苦救难的姿态苦口婆心地跟你讲，女生学历高没有用，学历越高越不好找对象，学得好不如嫁得好。女人最大的资本是年轻，过了25就迅速变老，女人最佳生育年龄是23~30……你王姨家的小红姐，海龟博士毕业，30了还没对象，学历高，心气也高，一般人看不上；最好的岁数又过去了，条件好的又看不上她，往后是越来越难找了，啧啧啧。相反，你李叔家的小兰姐，虽然学历低，但考上了公务员，早早嫁了人，现在都怀二胎了，生活稳定，真是让父母省心……

经过五次三番的摆事实讲道理，不少女生是服气的。亲戚朋友总不会害你吧，长辈的经验教训总有借鉴的意义吧。回想学校生活，当你背着笨重的书包在为报告而灰头土脸地泡图书馆时，你的舍友发个朋友圈就有好几个师兄自告奋勇鞍前马后地帮着做。你永远有新的报纸要看、新的单词要背，你的舍友永远有新的鲜花要签收、新的套路要怼回去……看到你的目光不再坚定，面露迷茫之色，这时候长辈们才长长地舒了口气，一种劝人从良的崇高感和成就感油然而生。

经过怀疑、动摇，否定与自我否定，最后，你决定要做个大人了，你决定把媚俗从众当成深谙世故；你决定要做个普通人了，你决定要心安理得地贪图安逸。一毕业就找一份稳定的工作，首选当然是公务员、事业编，不管你适不适合、有无兴趣、待遇怎样、发展怎样，起码看起来既稳定且正经，最重要的是让父母有面子。接着，经过一轮又一轮的相亲，早早地把自己嫁出去。等什么等啊，还要嫁给爱情？还要嫁给你喜欢的？年轻才是女人最大的筹码，遇到条件合适的就应该嫁了。还要早早生个大胖小子。于是你看起来事业稳定，生活美满，不仅不再成为父母的负担，还树立了你在亲戚、朋友、同事、邻居、茶余饭后街谈巷议中不容置疑的正面形象，微信朋友圈晒幸福的小霸主。

你很容易接受这样的说辞，你是女生，不应该活得太累，应该安逸一些。好像只要放弃对理想的追寻就能换来四平八稳的生活，好像放弃个性就能够换来波澜不惊。你很容易接受"安逸"这个词，这个词太好了，听上去就好像是"幸福"的同义词，实则只是"平庸"的同义词。"平庸"太刺耳，因此它有很多同义词来替换，比如"做一个普通人"，就好像有一种普世的生活模板像"普通话"一样值得全国推广。

"安逸""稳定"代表着一种惯性的、陈旧的也是可疑的社会体系与结构。而一种制度，即便是压迫、损害你的，只要具有某种稳定性，也会使人感觉到安全。这个社会有太多的语言、观念、风俗、制度被用来规训女性。因此我看到的迷茫、软弱的女性太多了。一方面对性别歧视感到不满，一方面接受男权的规训，甚至从中感到某种便宜，主动放弃对理想的追寻，对个性的追求。正如大多数人一方面对"阶级固化"感到不满，另一方面却将"稳定"和"安逸"奉为生活的主旋律。

男权社会对女性的期待是"柔弱"（对力量的剥夺）与"黏

人"（对独立的剥夺）。因此女性不应该在财富上赢过男性，不应该在学问胜过男性，可以说女生在任何事情上比过男性都会使男性感到不利，而反过来却并不如此。因此女性热爱学术、有事业心、敢闯敢拼、有才华、有梦想是很非主流的事，女性就应该活成一个花瓶、一个傻白甜、一个没有任何追求、没有任何个性、只会顺从、只会取悦、任劳任怨还得感恩戴德的生育机器。女性要卑微到尘埃里才不会使丈夫感受到压力，才符合社会的规训。而社会对男性的期待是不出轨，虽则某些时候男性的出轨都能归罪到女人身上，不是性格强悍河东狮吼，就是不注意保养年老色衰，甚至十月怀胎都可以作为体谅男性出轨的理由……而反过来女性如果出轨可以从明朝骂到现代。

女子无才便是德，这种作为顽疾的性别偏见，这种换了副面孔的读书无用论，是如何红旗不倒大行其道的？当然，心灵鸡汤界一直在关怀女性，向女生指明一条出路："最大的投资是投资自己。"这句话乍一看很有道理啊，可情感博主们教给女生，也为女生们所接受的"投资"包括什么呢？健身、美容、名牌、旅游、摄影、看电影、阅读心灵鸡汤……或许这些"投资"能让你嫁得更好，进一步还能对抗已出场或潜在的小三，但更多只是维持了一种小资的生活方式而已，本质上只是主动迎合了男权所建构的用于规训女性的评价标准和生活方式而已。

那么，作为向高精尖领域进击所必需的教育呢？女生要有多大的勇气才能在学术科研的道路上高歌猛进并与男性同辈甚或前辈们一争高下。我至今不会忘记我在中学、大学、研究生阶段所遇到过的那些聪慧、勤奋的女生。也不会忘记她们的勤奋是如何被嘲笑，被孤立，甚至例假也会被认作是女性的生理构造决定她们在智力或能力上不如男生的根据。因此，被理解为死记硬背毫无技术含量的文科天然地适合女生。因此在就业时没有男朋友或要休产假或照顾家庭牵扯精力……都能够成为女生被淘汰的理由。

不要忘记第一位获得诺贝尔科学奖项的中国本土科学家是屠呦呦。以笔者就读的北大为例，如果非要总结一个北大女生给人的整体印象，那就是她们的才气、灵气、锐气，对生活的热爱，对理想的热忱，对公益的热心，当然最重要的是对主宰命运的自信。远不止北大，也远不止高校，在各个领域里表现出众的女性不是太少了，而是太多了。

不只女生，我们国家的年轻人整体的生存压力都不小。不说已经失去热度的"蚁族""蜗居"等概念，只说前段时间流行的既然名校毕业生都买不起房，那还有没有必要买学区房的段子。虽然网上的逻辑相当不合理，因为段子成立的前提条件在于房价仍会继续上涨，而对学区房的投资不仅是对教育的投资也是对房子本身的投资，教育能获得回报而房子也在升值……段子本身并不重要，段子所暴露的问题却不能不予以关注，那就是房地产的畸形发展，学区制度，教育回报，评判人才标准的功利至上主义，精英阶层理想的失落……

这种功利的价值观、平庸的生活范式正在束缚年轻人的发展。也包括笔者，在就业选择上的纠结，是拿薪水较高的offer，但做毫无兴趣的工作；还是坚守理想，但薪酬只能维持平均的水平。咨询家里一位长辈，在西安某公司任老总，也是高新区的创业导师。他的建议很简单，干自己喜欢的事容易出成绩。也是我内心的想法。往往我们征求意见其实内心早已有了答案，只是寻找支持的声音。文章开头向我征求建议的学妹想必也是同样的心理。

《三傻大闹宝莱坞》是好评如潮的教育电影，看过的同学想必不会忘记主人公兰彻的理念，很简单："做自己感兴趣的事。"

我想无论男生女生，接受高等教育的意义都在于知道自己要成为什么样的人，并有勇气有能力有条件有毅力追寻自己的梦想。不要那么轻易地放弃自己的理想，不要那么轻易地否定自己的能力，不要那么轻易地改变自己的个性。如果连做自己都办不到，只能按别人所建构的套路而活，只能活成一个表面稳定安逸实则不堪一击，表面皆大欢喜实则庸俗不堪的俗世生活的模板，那人生该多么无趣，和咸鱼有什么分别啊！

梦会开出娇妍的花来

本科四年：两门挂科、九门重修

我小学在一所村小读的，人不多，但每次期末考我都会考第一名。经小学校长推荐，小学毕业，市最好的初中的4名老师到我家游说我父亲让我读那所学校。我父亲为人憨厚，被老师们拳拳盛意打动，当即拍板答应。

初中一年级，共800余名同学，我的成绩排年级组前30名。获得了校"优秀团员"的称号。但我从初一就开始早恋，并沉迷于文学创作，无心学习。学习成绩走下坡路。中考时以两分之差没考上省重点高中。

上高中后，第一学期我学得比较认真，高一有14个班，期中考试我政治单科年级组第一名。期末文理分科，我以年级组文科第16名分到文科快班。不幸的是没过多久，我就深深地爱上一个女孩，以更沉迷的姿态投身于文学创作。我的偏科开始显现，并越来越严重。我对语文、政治、历史兴趣越来越浓。数学、英语成绩却一落千丈。

高考，我是班上仅有的4名没过二本线的学生之一。报志愿那天，我羞愧难当，潦草地填报了距家乡两千余千米的一所三本。只想远远逃离我的社交圈子，到无人认识我的地方重新开始。

我曾于高二时获全国中学生语文能力竞赛三等奖，全校共三位同学获奖。但我选本科专业却没选汉语言文学，高考落榜的阴影使我极度"现实"，我自卑得认为当人面临选择时不能选"我要怎么做"而应选"我应该怎么做"。我选了当时最热门的会计学。事实却证明我违心的选择是错误的。

高考数学满分150分，我只考了62分。而会计学恰恰对数学有很高的要求，纯数学类课程就有高数、线性代数、概率论与数理统计、统计学等。我抱着"既来之则安之"的心态努力培养对会计学的兴趣，但这种自欺欺人并没能持续太久。

大二拿到会计从业资格证后。我对本专业的热情消耗殆尽。当时流行的说法是："没挂过科的大学是不完整的""没翘过课的大学是不完整的"……我开始愈演愈烈地翘课，将时间、精力转移到文学创作与社团活动。

我着迷地创作，作品在《诗刊》《作品》《山东文学》《延安文学》《青春》等200余种出版物公开发表十余万字。凭借创作成绩，我在大二时成为中国散文诗研究会会员，大四时成为吉林省作协会员。

社团活动方面，我大二学年任东校区文学社社长，大三学年任校本部文学院院刊编辑。还编辑两本民刊《旅馆》诗刊和《诗春秋》，在诗歌界产生一定的影响。

我积极参加赛事证明自己，在"包商银行杯"全国高校文学作品大赛、中华校园诗歌节征文比赛、全国大学生樱花诗歌邀请赛等文学比赛中获奖50余项。

业余生活丰富的代价是，顾此失彼，我的课业被严重荒废了。大一，补考2门，重修4门；大二，重修5门。大二结束，导员把我叫到办公室，当着我的面传达学院对一位同学的留级处分。我头皮发麻，心想这下玩砸了。导员打开红头文件，学院对我的处分是批评教育。导员对我说："丁鹏，你下学期再敢挂一门，就留级。"我认识到问题的严重性，端正了学习态度，大三学年我获了学院奖学金。

2012年10月，舍友开始参加招聘会了。我却因重修没有结束，没有成绩单而没有参加。有一天，我在网上投了简历，当天收到第二天面试的通知。公司总部离学校仅3个公交站，面试很顺利。对于既没成绩单、又没过英语四级的三本院校的学渣来说，能签一家国企已经很体面了，我当天就签约了。

后来我所有重修的科目都过了，顺利毕业。后来，我收到北大的考研复试通知，我才去本科学校档案室打印了成绩单，看到上面赫然标明我的2门挂科、9门重修，我的内心是崩溃的……所幸，我不务正业的文学创作和文学活动助我于考研面试时取得了第二名的佳绩。这就是"失之东隅，收之桑榆"吧。

考研一年：破釜沉舟，卧薪尝胆

2013年8月，入职培训。我回了一趟母校，看见宣传栏的"就业光荣榜"，我和我签的单位的名字忝列其间。培训结束，我被分到吉林项目部实习。当时，项目部所在地面临洪涝灾害，毗邻的大坝随时有被冲垮的危险。除实习生外所有人都投入到紧张地抗灾减灾工作中。我写了篇3000字的报道《安得广厦千万间》发表在集团公司的内刊上，受到集团领导的表扬。

实习结束，回到机关，等待分配岗位，我申请留在机关，被驳回了。我申请回吉林项目部，也被驳回。我被派往安徽项目部。那是2014年1月，我下定决心边工作边考研。我在机关每月工资仅1750元，在城中村租了间租金120元每月的潮湿、阴冷的屋子。吃饭我常常吃馒头和咸菜。由于环境恶劣，营养也不好，我得了带状疱疹，疼痛难忍。两个月以后才痊愈。那是我混得最惨的时候，而人的高贵就在于能触底反弹，在最艰苦的环境中爆发出最强大的能量。

我用一年时间备战考研。为自己树立的目标是南京大学现当代文学。第一，数学是我的短板，我不选考数学的专业；第二，英语也是我的弱项，我要选一个自己有优势的专业，以便从专业课中抽出更多时间和精力来攻克英语；第三，南大现当代文学实力很强，且报录比、推免比例较理想。

2014年2月25日，我的QQ签名改为："南大，你就在那等我。"我把工资全部用来买参考书。学有余力，我还报了个驾校，两个月内我拿到了驾照。

1月我主要搜集资料、背单词和看《古代汉语》。单词书我用的是《新东方考研英语词汇词根＋联想记忆法》(乱序版)。背单词是学英语的门槛，既必不可少，又需阔步迈过，我买了杨鹏的《十七天搞定GRE单词》。严格按照书中方法、强度来背考研单词。用了二十多天把单词书背了七八遍。对于四级没过，大学英语挂了两个学期、重修两个学期的我来说。起码具备一定的单词量，可以做阅读了。

2月，我开始做《张剑考研英语真题解析及复习思路》(基础版)。只做它的阅读（不包括新题型）。配以新东方考研阅读的课程，我主要听范猛的。他会清晰、详尽地传授英语阅读的答题步骤、答题技巧以至如何揣测出题人的思路。但这些是别人总结出来的经验不是你自己的，你需要也只能通过做真题加以验证和掌握，直到总结出来你自己的经验。

我也听过朱伟老师讲的单词课程、和其他老师讲的语法课程。但这些都只听了一部分，没有花太多时间在上面。尤其语法，对我来说比较枯燥，也较难理解和掌握。虽然很基础，但我没有像攻克单词一样做专门而系统的学习，而是在阅读和作文中逐步予以掌握。

3月，我去了安徽项目部。项目部好处是提供住宿和饮食，条件比我在机关时好太多。工资也涨到2800元一个月。坏处是工作繁重了许多。工作时段鲜有时间学习，我就每天六点起床，晚上十二点睡觉。以保证我的学习时间。考研的一年里我投入的总的学习时间大约2500个小时。项目部鲜有美女，我也无须修饰自己。直到7月22日申请辞职，我没有逛过街，没买过新衣服，甚至没去过理发店，网购了一个剃头推子，自己剔寸头。

南大现当代文学考研既考语言学，包括古代汉语、现代汉语和语言学概论；又考文学，包括古代文学史、现代文学史、当代文学史、中国文学理论批评史和西方文学理论史。而我语言学的基础太差，两个月还没有看完《古代汉语》的四册书。于是2014年4月2日，我的QQ签名改成了"博学、审问、慎思、明辨"的北京大学校训。后来到了北大读书，才知道这个校训是山寨的。北大无校训。

北大现当代文学专业考研语言学知识只在50分的大综合中考察，不像南大作为整张试卷呈现。而且北大相比南大更像一个诗意的乌托邦，更为我所向往。当时立志一年考不上，就考两年，两年考不上就像俞敏洪一样考三年，直到考上为止。

7月22号，我和父母简单沟通后决定辞职回到本科学校复习。下决定之前我犹豫了很长时间，最后断然辞职主要是考虑到工作时常加班，越到后来越感觉时间不够用，对三跨考北大的三本学渣的我来说，不全力以赴，一点希望也没有。

辞职后，我不再做张剑"黄皮书"的"基础版"。开始做一项工作，将近十年40篇阅读完完整整地翻译了一遍。不做题，每天只翻译两篇文章，翻译完对照黄皮书给出的译文修改。之后我再没刻意练习过翻译。

8月，专业书已复习完第一遍，开始复习第二遍。这时我了解到北大中文系的创意写作专业。首先，这个专业比较新，第二年招生，以后会越来越难考，是一个机遇。其次它颁发的是新闻与传播硕士，每年招40人，除去半数保研的，还有约20个名额，报录比较理想。第三，它考两张卷，一张考文学基础；另一张考写作。我此前已做过充分的写作练习，我考这个专业的话写作可以不复习，大大减少了我的复习量。第四，专业学位英语考英语二，也降低了英语的难度。换这个专业我能确保一次通过考试。

需要说的是专硕的社会认可度和学硕是相等的。一般是两年制，可以节省一年时间。授课内容更切合实践。和学硕一样可以考博。所以无论想工作还是考博，专硕都是一个不错的选择。

英语二真题我用的是蒋军虎的。但真题较少，因此，我延用英语一的近十年真题来复习，当然，仅有的那几年的英语二真题更加重要。我留了最新两年的英语二真题做最后模考用。这时新型题也要练了。

9月，政治大纲颁布，开始复习政治。大纲解析非常重要，至少要从头至尾读一遍。此外我还做了肖秀荣的《1000题》《八套卷》，背诵了《风中劲草》、任汝芬的最后押题和新东方的VIP班的押题等等，感觉收获不是很大。但是肖秀荣考前一周出的《四套卷》是政治复习的宝典，一定要滚瓜烂熟地背下来。平均每年至少会命中3道大题。

10月，我开始复习英语作文。王道长预测的十道大作文、十道小作文一定要背下来。我考研时大小作文都命中了，此外我还结合蒋军虎给出的英语二真题的作文范文以及某辅导班的作文模板总结了自己答大作文、小作文的万能模板。

需要强调的是，制订计划、执行计划的能力十分重要。它能保证你日后的复习有条不紊。其次，考研是一项艰苦卓绝的战斗，对考研本身的坚持和信仰也十分重要，一定要坚持到底。

明知梦想遥不可及，你凭什么坚持到底？

　　我专业课复习了三遍，考前又把专业课笔记背得烂熟；英语真题阅读做了三遍，作文范文背了三遍，作文模板背得一词不差；政治除了大纲解析、《风中劲草》、肖秀荣《1000题》和《八套卷》，我还把任汝芬和新东方VIP班押题背了3遍，把肖秀荣的《四套卷》背得滚瓜烂熟。

　　但考政治时我过于紧张，把大题位置答错了，以致我政治期望最高却考的最差。

　　我笔试成绩是英语57，政治56，文学基础129，写作121，总分363。北大的单科分数线是公共课50分，专业课90，总分线340。在进入复试的36位同学中我笔试成绩排第16位。复试逆袭94分，排第二名。初复试总成绩86.3，在中文系考上的49名的考生中排名第11，在创意写作专业考上的21名同学中排第3。

　　2015年6月，我如愿拿到了北大中文系的研究生录取通知书。

我，168cm，三级残废

第一次意识到自己矮是18岁，上本科。一位亲戚拍着我肩膀说，没事儿鹏，你还能长，能长到一米七。她补充道：男人身高低于一米七相当于三级残废。

我吓一跳，赶忙百度了一下什么叫三级残废：不能完全独立生活，需经常有人监护；各种活动受限，仅限于室内的活动；明显职业受限；社会交往困难。

如今，8年过去，我的身高定格在18岁那年的168cm。套用S.H.E的歌词："米六之上，米七未满。"套用颜值正义时代对大长腿标配的想象：三级残废。

我自忖也为国家省布料，却真的骄傲不起来。

我的家乡是东北一座小城。在那个遍地玛瑙的城市，人们茶余饭后的益智活动就是一边散步一边捡玛瑙。某天，J小姐亮出掌心里的玛瑙问我好不好看。

我被J小姐雪白的肌肤晃得目眩，许久才看清天边闲逛的肥厚的云朵，长满白桦的环绕的青山，J小姐目光里有鸟语花香。我说：好看！

我自忖是诗人，别的不行，撩妹还不行吗！随后对J小姐展开猛烈的追求。J小姐给我发了张"好人卡"，说她160cm，为了后代基因，男朋友必须180cm，这也是她要的最萌身高差。

于是在J小姐的爱情剧里，我活了一集，卒。

4年后研究生毕业时，我吸取前车之鉴，只瞄准身高和我差不多的女生。我想他们总不用担忧基因问题吧。而且此时线上约会产业迅猛发展，幽默风趣、声音好听、拍照能看、简历好看就颇为重要。而这些，我都还可以。

及至线下约会，我在精挑细选的意大利风情酒吧、网红西班牙餐厅、BFC点播影院，听女孩们优雅地说她喜欢踩高跟、歉疚地说她看起来比我大、俏皮地说她觉得摸头杀超甜超有安全感。她们想要的样子，我都给不了。

睡前我辗转反侧，删了几百页聊天记录。在他们的爱情剧里我终于可以坚持两集了。卒。

在全民 diss 小矮子的潮流里，我似乎颇符合三级残废里"社会交往困难"的标准。

我不禁缅怀我们矮人族的黄金时代。那是小学初中美好而漫长的日日夜夜。

我翘掉了所有能翘掉的体育课，当其他男同学热衷将篮球砸向篮板或扒小伙伴的裤子时，我戴着mp3，在自己的Bgm（背景音乐）里走向借口肚子疼而躲在阴凉处吃雪糕的女同学。

当然有时翘体育课也是为了预习或温习，可能就是为在下一节课鸦雀无声的课堂上准确而响亮地回答出老师的提问，为在试卷上答出更高的分数，赢得老师的赞许。

我还是同代人最早的伪文青，在某小学生杂志刊登了征笔友启示。我喜欢午后静静地坐在窗边品读四面八方的来信，如果猜测对方长得不错，回信会顺便请对方寄过来几张艺术照。

那可真是矮人族的黄金时代。排座位我们总是坐最前面，做课间操我们当然也在最前面，视野超开阔。吃饭也是小个儿在前、大个儿在后，省得排队，还吃得贼饱。每次当大个儿们干脏活累活的时候，我们只需做女孩们的护花使者。说我们心眼多坠得不长个儿也不是完全没有道理。

大转折发生在高中，做课间操和跑操竟然大个儿在前小个儿在后，吃饭竟然按先后顺序排队，小个们也要抬水和换水，简直是礼崩乐坏、世风日下嘛，把我们小初中的优良传统都弄丢了。

更可悲的是这时打篮球的男孩把我们伪文青的风头都抢去了，没有人摘抄我们矫揉造作的对联和诗了，每天吃完晚饭篮球场会水泄不通围上三五圈人。而个子高的同学在表演扣篮。

走进大学，高个们依然在运动场和健身房里续写传奇，扮演脱衣有肉、穿衣显瘦的运动型男。矮人族因为没有养成运动的习惯，索性一头扎进图书馆，变得越来越宅，似乎颇符合三级残废里"各种活动受限，仅限于室内的活动"的标准。

男人身高低于一米七真的是三级残废吗？

每年，《中国各省男女平均身高表》都会在网络上火一把。在某一个广为流传的版本里，北京男人的平均身高是175.32cm，的确令人又振奋又震惊，网友惊呼"被平均"和"拖后腿"。

但这份声称出自"国家统计局"的各省身高排名，不仅没有注明调查年份，对调查方式、样本分布也未进行任何说明。有较真的记者连线过国家统计局，答复是"从来没有发布过所谓的各省身高排名"。原来这份各省身高排名虽夺人眼球，但仅供娱乐。

唯一一份权威数据来自国务院新闻办2015年6月30日发布的《中国居民营养与慢性病状况报告》，报告显示，2012年我国18岁及以上成年男性和女性的平均身高分别为167.1cm和155.8cm。

在一个成年男性平均身高167.1cm的国度，如果男人身高在一米七以上，那么恭喜你已经超过了多数人口。

虽然我早已过了靠外表求生存、谋发展的年纪。但我仍然生活在舆论场域里，我仍然生活在畸形身高观的阴影里。是的，主观再强大也无法抹杀客观的影响。

我曾经对外号称自己171cm，每次约会前垫3cm的增高垫。为垫增高垫方便，我买鞋都买高帮的、长筒的，又笨重又捂脚……

因为身高，我在相当长的一段时间有自卑情绪。但在主流价值观里，自卑是可耻的，为塑造强大的内心，我从历史长河中寻找矮个儿的楷模。比如我的偶像李白，他也曾自卑"长不满七尺"，也就是不到一米七，但"心雄万夫"，至今仍站在中国历代文人的顶端。

鸡汤是正经鸡汤，但回过头来我们仍然生活在不正经的身高观里。标榜大长腿当然没问题，谁不艳羡长腿欧巴和维密天使？但从古至今diss身高不到一米七的男性也没有问题吗？

世界上最大的谎言就是告诉你自卑是可耻的，却从不检讨那个大规模制造生产自卑的畸形的评价标准。他们告诉你，你正常的地方是你的缺点，而你因此产生的自卑是你致命的缺点。

就好比评价女生"体重不过百，不是平胸就是矮"。同样在上述报告中显示，2012年，我国18岁及以上成年男性和女性的平均体重分别为66.2kg和57.3kg。

你是否也被胖、被矮、被自卑、被焦虑？

你或许已经习惯你的身高、身材、颜值、口音、学历、家庭、消费观、生活习惯乃至梦想……随时会被宣称自己掌握更高级的生活范式的人所diss。这些人向你展示一个貌似绝对正确的人生范本，但目的不是让你拥有这样的人生。

而是告诉你，你无论如何努力都无法拥有这样的人生。的确我们身上很多标签是无法改变的，但我们绝不接受不公正的评价。因为那同时意味着承认了压迫我们的权力结构。

在访谈《还是范雨素》中，范雨素谈到人们更愿意看到因网络热文《我是范雨素》而走红的她拥有世俗的改变：吃得更丰盛了、住得更宽敞了，或者换了更高大上的工作。

但范雨素心中，脑力劳动并不比体力劳动高贵，消费自己的不劳而获更不足取，她的理想职业仍是做育儿嫂、干体力活。"农民是可怜的，不过在童话里，国王也是被怜悯的对象"。

世俗从来不觉得自己世俗，他们以悲天悯人的自恋和爆棚的优越感对你指指点点。而真正善良的人却如范雨素在女儿说送果汁给收废品的人时问的那句："怎么给的？"

女儿答："双手捧给她的。"

正如《红字》里海斯特因敢于追求幸福生活而被判为通奸罪。人们依加尔文教规让海斯特胸前佩戴象征耻辱与惩罚的"A"，让她终身遭受"A"的差辱。但海斯特却赋予了它多重意义：爱情（Amour）、能干（Able）和天使（Angel）。

同样情况也出现在电影《西西里的美丽传说》中。

愿我们永远不被世俗的价值观和标准裹挟，它干扰你的判断你能有足够的智慧剔除它，它扰乱你的生活你要有足够的魄力打破它。

至少在遭到侮辱、诋毁以后首先想到的不是承认自己很low，不是努力迎合世俗的标准。而是保有一点怀疑精神，保有一点特立独行的勇气，首先守住人性的尊严再思考人性的弱点。

我，168cm，三级残废。

你有价值，你的学历就有价值

有一次，看到朋友小旋泪眼盈盈。问她发生了什么。她说与同门师姐吵翻了。虽是同门，师姐读的是学术硕士，小旋读的是专业硕士。那天，师姐无意中说，专硕就是系里创收的项目，没有专硕高昂的学费，哪有学硕丰厚的奖学金？

小旋天性要强，免不了要争论。几个回合却又败下阵来，因为她读的专业专硕的学费的确是学硕的四五倍。考入名校的自信与喜悦从小旋的脸上一扫而光，她神情沮丧地问我："专硕真是学校用来赚钱的吗？"

2010年为适应产业结构调整和经济发展方式转变的要求，国家要求积极发展专硕，实现硕士教育从以培养学术型为主向以培养应用型人才为主的战略性转变。但即使到今天，某些对专硕的偏见仍然存在。

偏见一：专硕好考。好，我们来看一组数据。以2018年全国报考北京硕士的322897位考生为例，报考全日制专硕的133119人；在北京硕士生招生计划的101756人里，全日制专硕招生计划为36417人。可粗略计算北京全日制专硕报录比为3.66∶1，也就是每3.66名报考者中录取一人。而学硕的报录比却为3.20∶1。若一定要以偏概全来讨论难易，从数据上看似乎专硕比学硕难考。

偏见二：两年制的专硕比较水。我想按学制长短衡量培养质量很有道理，比如百度总裁张亚勤，12岁就考入中国科技大学少年班，可想而知他小学和中学学得有多水；我们应该向留级和延毕的同学学习，主动延长学制，让自己求学生涯更有含金量。是这样吗？真实的情况却是，两年制不是截取了三年制的两年，而是将三年制压缩为两年。因此我们看到，两年制的硕士无论在学习、求职、还是毕业上的节奏和压力远大于三年制硕士，而不是更清闲。

偏见三：专硕学费昂贵，不值得去读。其实，就像专硕的学制也有2.5年制和3年制，专硕的学费也有很多专业和学硕持平。而有些学费较贵的专业，大都有贵的道理。比如小旋所读的金融专硕，是考研竞争激烈的热门专业，其实完全没有必要妄自菲薄。

我想起有一次和考研的学妹聊天，她说喜欢创作，不喜欢学术。我说那你硕士可以考虑读北大创意写作啊。她说那不是专硕么？我秒懂她的意思，岔开话题。其实她所说的这个专硕每年都有1/3以上生源来自北大本校。毕业去向除一部分在北大或国外继续读博，工作大都还不错，如中直机关工委、人民日报社、光明日报社、清华附中、华为、华策、腾讯等。

我在一次社里主办的活动上，认识了可心。她刚刚硕士毕业参加工作，有个男生问她是哪个学校毕业的，她说在伦敦政治经济学院读的商科。她走后，男生小声议论："她读的是英国一年制硕士，很水的，花个几十万玩文凭，回来也不好找工作，我本科同学在英国读了一年，回来工资一个月6000……"

我想，男生可能像大多数"黑"一年制硕士的人一样，原本并无恶意，只是想卖弄自己的一知半解。但是稍微多了解一点，就会知道伦敦政治经济学院与剑桥大学、牛津大学、伦敦大学学院、帝国理工学院并称英国"G5超级精英"大学。

那些嘲笑一年制硕士水的，试问是否均分90+、雅思考过7、GMAT720+，是否有名企的实习经历，能拿到大牛的推荐信。又能否承受一年制硕士的学习强度和英氏考试的备考压力并顺利毕业。如果这些都做不到，凭什么嘲笑别人的努力？

其实不只是一年制硕士，很多人听到留学这个词，就联想到"富二代出去混"。不能说是贫穷限制了眼界，至少也是偏见限制了格局。

我在北大读研时，参加过学工部主办的"教授茶座"，某一期主题是留学。请的北大法语系主任董强，他曾在法国高等社会科学研究院留学期间师从世界文学大师米兰·昆德拉。董老师说："我认为，一生当中如有机会一定要出去留学。出去过的跟没出去过的，完全不一样。它对个人的成长、对整个心智的成熟都会起到一种化学作用。它能改变你，能够给你注入一种全新的力量。"

的确，留学对一个人的锻炼和提高，不仅是知识层面的。正如我问香港大学读研的学妹最大收获是什么，她说是资源、平台和视野。问伯明翰大学硕士毕业的学姐，她说是自我管理能力和责任感的提升。

　　我在研究生毕业找工作时经历过一件事，家乡的省委组织部来北大宣讲，一方面是定向选调生选拔，另一方面是事业单位"引才"。打动我的是宣传资料抬头的一句话："欢迎回到家乡干事创业"。见我表现出兴趣，宣传的同志热情地建议我两个都报一下试试。

　　不久，我接到了负责引才的同志的电话，她说看过了我的简历，想跟我确认一下我的本科学校西安建筑科技大学华清学院是不是独立学院。我说是。她说不好意思，我们只招本科是211或"准211"的。其实，引才公告上只说"重点引进'985工程''211工程'高校毕业的全日制硕士研究生、博士研究生"而并未对第一学历做任何明确要求。

　　后来，虽然我通过了选调生的考试，而且显然定向选调生的条件、发展比事业单位"引才"好得多，但我也没有签约。因为，将我排除在"引才"标准之外和热情鼓动我报考选调生的是同一个部门的人，我无法确保他们以后不会因我第一学历限制我的发展。

　　我重新参加了北京的事业单位考试，考入了现在的单位。

　　其实有不少人，热衷构造学历鄙视链，以第一、第二、第三学历区分一流、二流、三流人才；以学制的长短衡量培养质量，三年制看不起两年制，两年制看不起一年制；以学费多寡秀自己的优越感，学硕的看不起专硕的，专硕的看不起出国的。看似很懂的样子，实则非常反智。

把我高中班主任最常说的一句话送给他们："不要打击进步！"不说上述简单粗暴的比较背后荒谬的逻辑和巨大的敌意，每个人都有追求知识、提升自己的诉求和权利。知识谁也不能垄断，平民通过读书实现阶层上升的通道，也一直都在。

你第一学历是双非、甚至专科；你硕士读的专硕，甚至非全；你留学读的一年制硕士，甚至不是知名大学。但这永远不会成为你的黑历史。你又没有犯法败德，而是在学习，这不仅不是你的黑历史，还应该是你的光荣。

不管你是什么学历，靠读书提升自己永远不会是你的败笔，正如胡适所说："怕什么真理无穷，进一寸有一寸的欢喜。"

学无止境，重要的是你自己锲而不舍，学而不厌；山外有山，重要的是你自己认清自己，又不看轻自己。因为，真正尊重知识的人不会嘲笑你，而不尊重知识的人没有资格嘲笑你。

敢对命运说『不』的人，运气都不会太差

每一个渴望逆袭的人，都深受失败的恐惧困扰着。这种自我怀疑与否定不时地冒出头来。而这也是你为了蜕变所必须付出的代价！

原生家庭糟糕，怎么拥有好的人生？

我有一个小朋友，叫凡凡，她在八年级时看了我写的《不要以为生命贫弱，那是你还不够努力》。当时她的感受是："哥哥好惨啊，和我一样惨。"

几经周折，她加了我的微信，但从没和我说过话。

直到她高中一年级的时候，发来一条消息："学长在吗？忍了好久不敢找你说话，怕打扰到你，现在实在撑不下去了，方便的话可以陪我说说话吗？"

那一晚，她向我倾诉了藏在她纤弱身体里面的所有秘密。

凡凡小时候常被妈妈无缘无故地打骂，她只当妈妈性格不好。六年级时爸妈分居，妈妈情绪变得更加不稳定。

"很多次我买菜做饭等妈妈下班，结果妈妈无缘无故把饭倒在我身上，拿碗和勺子砸我，打我。"

凡凡妈妈患有子宫肌瘤，常常肚子疼。

"七年级那年的春节，妈妈肚子疼得更厉害了。"

"除夕夜，我做好年夜饭看着因疼痛而骂骂咧咧的母亲。"

八年级，凡凡妈妈逼凡凡向爸爸要钱。"价格按我住旅馆，在饭店吃饭算。一晚上要多少钱，一天要吃三顿饭，一顿饭多少钱等。说她不能让我在她那里白吃白住。"

八年级的冬天，凡凡在睡梦中被妈妈恐怖的叫声喊醒。

"我从来没有想过我的名字可以以如此可怕的声音喊出来。她眼睛瞪得很大，头发凌乱，神情恐怖，嘴里全是血，疯言疯语。那天晚上只有我一个人在，她扑过来要打我，我很害怕。我那时才知道妈妈有精神病。"

凡凡说："从小妈妈对我的打骂，可以找到原因了。"

"所有人都知道她犯病时有多可怕，可是从来没有人和我说过，他们知道妈妈精神不好连药都不一定知道吃，依然让我一个人和妈妈住在一起，在我没有任何自我保护意识和措施的情况下。"

第二天，凡凡爸爸要把凡凡带走。

"我躲着妈妈，我害怕她！可是我外公、外婆、大姨、小姨、舅妈等都说我自私、不孝顺、无耻、没良心。"

其实凡凡爸爸那边的情况也不好。

"当时欠了一屁股账，他是住在他朋友家的。"凡凡爸爸有肠梗阻，也是经常半夜肚子疼，也是脾气不好。"爸爸有时会把我东西扔出去，让我滚到妈妈那里住。"

在学校，凡凡也感受不到温暖。

"九年级的班主任和我妈妈原来是同事，她知道我家庭情况，看不起我，心情不好就在我身上发泄，还在学校说我的家庭，其他老师也因此看不起我。"

中考前两个月，凡凡健康出现了状况。

一个月高烧住院3次，淋巴结肿大，满脸痘痘因为用错药而发炎。凡凡爸爸担心她得了白血病或者肺结核，但检查也没查出来什么。

"但是我的身体一天比一天虚，经常肚子疼。""中考前一天晚上肚子很疼，第二天咬牙去考试。"

凡凡以为自己只能考上职高，结果却依然考上了全市最好的高中。

可是好景不长，凡凡后来去省会的大医院检查，"我的身体很不好，医生说不治的话就会发展成癌症，但是西医又没办法，而且我胰岛素抵抗，还有可能得糖尿病。"

最后，凡凡说："我喜欢文学，我想考北大中文系。家庭不好又怎样，还好我学习没落下，我还可以好好学习，改变自己的命运。学长，我相信人只要活着总会有希望的，我还是不会放弃的。"

听了凡凡身世，我感到很心疼，给凡凡转了几次钱，她却一次都没有收。

前不久，我收到了她的礼物，一条蓝色的领带，还有她写的几封信、一堆卡片。

她说："哥哥不认识我，却愿意相信我，不把我当骗子，给我转钱（可是我怎么能要哥哥的钱呢？哥哥一个人在北京一定很辛苦，也是需要钱的），给我寄小熊，给我寄诗集和明信片，安慰鼓励我。我也要给哥哥买条领带……"

当时的女朋友对我说："你可不可以不要对陌生人这么好，不是每一个在微博上向你倾诉的人你都要帮助他们，你要把有限的爱给予真正值得你珍视的人。"

其实我能够给予凡凡的也只有小熊、诗集、明信片、安慰鼓励而已。

人生的路终究需要她一个人走，我只是想让她知道世界上除了苦难，还有温暖；除了失意，还有善意。

凡凡信赖我的原因是我和她有着相似的经历，是我走出了原生家庭的阴影。

小时候一直以为离婚是电视中才有的剧情。

虽然爸妈经常吵架，吵得凶了以至于动手。但我又小又尿，大气都不敢出，别提劝架了。

虽然吵得更凶的时候妈妈会回娘家。但爸爸去接妈妈回家，说几句好话，姥爷总会对妈妈说："那你就跟他回去吧。"然后妈妈就又回来了。

我曾以为日子会一直这样。

直到11岁那年，妈妈一去，我知道她不会再回来了。

那天，她和我说对不起，不是不要我了，只是实在撑不下去了。当时，爸爸的病令她又害怕又绝望，家庭的重担也全都压到了她的身上。

更令她绝望的是她与爸爸越来越深的矛盾，她与爷爷、奶奶关系也素来不和，似乎从家庭中得到的只有冷漠。她说如果不走，她会喝农药。

她哭了，我也是。我知道她扛不住了。是我批准她走的。

她走以后。再也没人和我说话。

爸爸性格沉默，有时几近冷漠。我晚上看书，他会认为打扰他睡觉，直接把灯关了。我惹到他时会和我说："你妈都不要你了，你还自我感觉不错呢！"读住宿学校后，每次向他要生活费都是我最羞耻的时候，遇到他心情不好会对我冷笑。

我曾经想过离家出走，但是没有勇气，只能继续充当爸爸的累赘。

亲戚邻居常对我说："你爸妈感情走到今天这一步，你也有责任，你没有把你妈劝回来。"

"你爸独自抚养你太累了，他应该再找一个；你不应该再读了，应该帮你爸在家干活。"

是的，我没有把我妈劝回来，是我批准她走的。好的，我做好了准备爸爸会成立新的家庭；但是，我绝不会放弃读书！

我真的很喜欢上学，在流利地回答出老师提问的那一刻，在拿奖学金的那一刻感觉自己不是废物。

在学校，会有女生傻乎乎地劝我去参加快乐男声，说会为我加油为我鼓掌，也有女生在以为我再也不会理她了的时候趴在桌子上恸哭，那一刻感觉自己被爱着。

后来在外地读大学、读研、工作，寒暑假总是找借口不回家，比如实习、考研，或是新书的出版。

爸妈成为我熟悉的陌生人。偶尔见面彼此也分外客气。我知道自己一直在逃避。

我知道在我感到不幸的漫长时日里，爸爸、妈妈没有一个人是幸福的。我知道他们其实是爱我的，毕竟是他们供养我完成了学业。

他们至今没有各自组建家庭，虽然我已经能够接受。在背后，他们为我的小小成就骄傲着。

反躬自省，我26岁了，用15年走出原生家庭的阴影。

现在我已经足够成熟，成熟到可以回过头来，成熟到可以成为一束光。就像波德莱尔所说："你给了我泥土，我炼出了黄金。"

爸妈总是抱歉："我没能成为你的榜样。"但是我想说："我一定会成为你们的骄傲。"爸妈总是抱歉："没能给予你更多的爱。"但是我想说："我一定会给予你们最幸福的晚年。"

因为儿女也是爸妈的原生家庭。

永远不要低估孩子对父母的爱。凡凡常和我提她爸爸曾是大学生，妈妈曾很漂亮很漂亮。在她千疮百孔的心里，永远为父母骄傲着。

我也时常想起小时候爸爸骑自行车，我踩着后座，双手搂着爸爸脖子。

再小一点，爸爸自行车车架上有我一个小座位。再小一点，爸爸把我举到半空，骑在他的头上。

我不知道有多少人正生活在或曾生活在原生家庭的阴影中，他们又是如何走出阴影的？

像凡凡一样在绝望中充满希望，或像我一样成长到足够成熟，强壮到不会再受伤。

如果你还没有长大，会不会觉得自己是一个讨厌鬼，被父母像皮球一样踢来踢去？还是足够幸运，拥有足够多的爱？

你害怕过年吗？在那个团圆夜，会不会纠结和妈妈过，还是和爸爸过？或者干脆找借口自己一个人，一场宿醉？

你后来怎么样了？有没有接受良好的教育？有没有要好的朋友？健康地长大了吗？恋爱了吗？组建幸福的家庭了吗？

还是你和我一样，就是这样的孩子？

每个人的一生都是一棵树，你无法选择出生的土壤，但也不能永远停留在童年的土壤里。

你必须努力向下壮大自己的根系，这是你生命的深度；你必须努力向上争取更多的阳光，这是你生命的高度。

每一个生命都是奇迹，每一个人都要学会爱惜自己。无论你出生在什么样的环境，你的生命都会绽放，都会成为美丽的风景！

走出迷茫，这是唯一的方式

明知梦想遥不可及，你凭什么坚持到底？

梦想是人生的必需品，因为梦想所解决的问题是"你是谁"？我相信每个人都在努力着，朝着梦想的方向：努力学习，改变曾经叛逆的自己；努力工作，改变曾经潦倒的自己；努力健身，改变曾经慵懒的自己；努力去爱，改变曾经孤独的自己……我们渴望明天的太阳照常升起，明天的我们变成更好的自己。

只是改变自己谈何容易？有时候甚至明知梦想遥不可及，你凭什么坚持到底？

最近，微博上收到一条私信："学长你好，我是18级考研生，三本出身，考北京外国语大学。从今年3月开始准备，现在在想要不要放弃。说实话很恨这样的自己，真的决定了要努力一把，可是到了最后又想放弃，但是自己真的好累。从开始决定考研那一刻，我就从来没有松过心里的那根弦，之前每天都很充实，每天能够学习很多知识，觉得很幸福。我觉得考研是老天给我的一个机会，让我的人生还有机会，不会庸庸碌碌过一生。但是我在10月底因为压力太大，决定回家复习，回到家之后，发现我不那么想去北京了，那种感觉好像没那么强烈了，是不是如果我当初报一个一般的学校，也不会这么累？每天都很焦灼，不知道怎么办，是继续走下去还是放弃？"

是继续走下去还是放弃？

当我们遇到瓶颈，一直无法突破与提升；当我们感到疲倦，体力、精力极度消耗；当我们感到受挫，怀疑和否定最初的选择……我们常常会面临这样的时刻，感觉自己真的真的撑不下去了！

"是继续走下去还是放弃？"我们和这位同学一样苦于未知的答案。

有一天，我和一位从事图书发行的朋友约饭。她本科毕业于北京某民办高校，毕业后由家里安排进入了某文学网站做编辑。工作清闲安逸，而努力的"天花板"也相对较低，但人际关系却很复杂，明争暗斗不是一个刚毕业的丫头片子所能承受的。几个月后，她瞒着家里，裸辞了。当时的她并不确定自己能找到一份什么样的工作，只是受够了这样一成不变的生活。

所幸，一家出版公司接纳了她。她身兼摄影师、美编和新媒体编辑，每晚加班到10点，却从未听她抱怨，因为她找回了奋斗的激情。直到有一天晚上，她外出给某位出席活动的嘉宾送出场费，回来时却发现紧靠着自己座位的水管爆了！热水溅湿了周围的一大片地方。她想如果这天她和往常一样在公司加班，那么自己一定躲不过这次的惊险！现在提起这件事她还一直心有余悸，但因为是自己选择的道路，就是跪着也要走完！

突然，她话锋一转，谈到自己刚刚其实被大领导当着全公司的面批评不专业、业余！她的情绪瞬间决堤，泪水止不住地流出来，就像那根爆了的水管。

她说："其实我真的很累，我就要坚持不下去了！"

我安慰她："可是你已经坚持了这么久，现在正在将明未明的时候，真的只要再坚持一下，就会迎来曙光！"

只有在自己跌倒的地方，才能拾起自己的初心和信心！

我想"行百里者半九十"的原因多半不是奔波途中体力与

精力的衰减，而是你在走了很远的路以后，却逐渐忘记了自己的初心。你忘记了自己是为什么努力考研、努力赚钱、努力减肥、努力沟通……你本可以不必这么辛苦，不必承受如此重的压力。

"路漫漫其修远"。与体力、精力同样消耗的还有你对成功的渴望，而我们常常忽视这种情感的消耗，以至于让惰性趁机反噬。正如文章开头那位同学所描述的："回到家之后，发现我不那么想去北京了，那种感觉好像没那么强烈了。"

每一个渴望逆袭的人，都深受失败的恐惧困扰着。这种自我怀疑与否定不时地冒出头来。而这也是你为了蜕变所必须付出的代价！

我有一个同事，硕士毕业于北大中文系，第一次被朋友撺掇着参加电视节目是河北卫视的《中华好诗词》，结果铩羽而归，连决赛都没有进，他为此抑郁了大半年。在此期间他拒绝了几个电视节目的邀约，因为他已经30岁了，他害怕再一次在众目睽睽之下折戟沉沙。

但当他心境恢复得差不多时，他想起了第一次参加节目时自己对成功的渴望。他的内心又蠢蠢欲动了。他总结了第一次答题失败的原因，在于掉以轻心、没有认真准备。而成功从来不是一蹴而就，成功是聚沙成塔。

有次社里组织采风。当大家都忙于跟随导游的讲解走马观花、握住镜头不断地按动快门时，他却总是气定神闲地跟在后面，手里拿着一摞打印纸，嘴里念念有词。后来我才发现他在背诵诗词。后来我才知道他用所有能挤出来的时间，背诵了十几万字的诗词。再后来他在央视的《中国诗词大会》第二季夺得四期擂主，拿下了总决赛的亚军。

他就是彭敏。

只有在自己跌倒的地方，才能拾起自己的初心和信心！

如果不是坚持到底，还以为生活会平淡无奇

大多数人可能和我一样，刚参加工作时，接手的是一些不需要多少专业技能的最为基础性的工作。时间一长，难免感觉自己被大材小用，心生许多不甘。后来随着自己越来越上手，负责的工作也越来越多。这时本以为会欣喜自己参与了相对核心的工作，心里却仍然怀有抱怨，抱怨工作压力越来越大，挤占了本属于自己的休息时间。

有天周末我正在睡懒觉，却被电话声吵醒。一位同事问我可不可以去单位把我责编的稿件的电子版发给他。他想赶在周一之前，把下半月刊的全部稿件送给排版中心。想到周末还要加班，我心中有些不满。但还是去了单位，当我看到他工作时的热忱，我的不满都变作了惭愧。

以前不理解他工作为什么那么拼，因为杂志社的工作并不需要频繁地加班。诗人也很少有人像他那样保持每天一首的创作量。他本可以在下班以后虚度时光。但那一刻我明白了，因为我从他的眼神中读到了对于成功的渴望。

他曾做过水泥厂的机械维修工，辞职后，一直在底层打拼。怀着对诗歌的热爱与信仰，最终一路奋战成了《诗刊》的编辑。他很珍惜这份工作，每个月上报的稿件数量最多，质量也很有保证。他努力地把每一份琐碎的手头活都做到极致。

日子波澜不惊地过去，但是在2014年，由他责编的余秀华的组诗和创作谈登上了《诗刊》的重点栏目。两个月后，诗刊社微信公众号推出的《摇摇晃晃的人间——一位脑瘫患者的诗》火爆网络，余秀华一夜成名。而他则一以贯之地坚持自己勤奋的品格，终于在2015年夺得"中国作家出版集团奖·优秀编辑奖"。

他的名字叫刘年。

如果不是坚持到底，还以为生活会平淡无奇！

坚持很难，放弃就容易吗

是继续走下去还是放弃？每当面临这样的疑虑，不如继续追问：坚持很难，放弃就容易吗？

你已经为梦想投入了大量的成本，在这段时间里，你不计得失、分秒必争，就这样放弃吗？

你也曾渴望成功，但是内心自卑、懦弱，习惯逃避和否定自己。只是这一次，你选择了勇敢，因为人生总要有一次豁出去，为了梦想，拼了命地努力，不顾他人的目光。这是你赢得成功、改变命运的机会，就这样放弃吗？

曾经你翻开书本就瞌睡，活动一下就喊累，加一次班就抱怨。现在的你却爱上了学习、运动、工作，只恨没有时间把教材再多看一遍、把训练再多做一遍、把方案再修改得完美一点。现在的你逐渐变成了上进的自己，就这样放弃吗？

如果你选择放弃坚持，你至少要知道你在坚持时放弃了什么？

你放弃了聚会，放弃了无效的社交，相比看起来的合群，你更需要沉淀自己；你放弃了对外表的过分关注，甚至想自己如果是男孩就好了，可以理个圆寸，节省洗头的时间；你放弃了建筑于惰性基础上的安全感，你像上帝一样拨动命运的转盘，将自己重新置于新的可能中，你比以往的任何时刻都更渴望成功！

同样是放弃，是放弃笃定和勇敢，放弃对成功的搏击？还是放弃自卑和沮丧，放弃那个庸常的自己？你会做出哪一种选择？

你的习惯，就是你的阶层

肖申克监狱的寓言

小说《肖申克的救赎》最令我感兴趣的是一个细节，当安迪·杜佛尼挖到通道后，并未立即越狱，而是等了相当长一段时间。说来无法理解，安迪就是在逐渐为监狱体制所制约的漫长时日里，喜欢上了这中了毒般的平静生活。外面充满不确定的自由人生活使他感觉害怕。

这就是习惯，逐渐养成而不易改变的生活方式。

就像安迪习惯肖申克监狱里规定得好好的什么时候可以吃饭，什么时候可以写信，什么时候可以抽烟……只是这种习惯是一种惰性，通常被我们称之为好习惯的，却是一种韧性。惰性与韧性之别是是否注入了我们的意志。

惰性最可怕的不只是使我们在原地打转，在日新月异的时代潮流中不进则退。而是将我们身体行为交由其他力量来控制。为什么手机的"吸星大法"可以吸掉你每天3个小时的时间？是因为背后资本的力量在吸引你、诱导你、操纵你直到可以从你身上源源不断地榨取流量。

李银河说："生命是多么短暂，我想让自由和美丽把它充满。"什么是自由？我们的人生由我们的自由意志来掌控就是自由。而每一个能提升我们，使我们走得更快、更远的好习惯，都是一片闪耀着自由光辉的羽毛。

你的习惯，就是你的阶层

你或许经常听到这样的说法：当你瘦下来，人生真的会开挂……是颜值正义时代，好身材能够换来好人生？

当然不是，是一个好习惯的养成，锻炼了你一整套的发现问题、分析问题、解决问题的能力。

一个好习惯的养成至少需要如下几项因素：思想、心态、定位、目标、决心与自控力。其中每一项因素都与你的自我认知、自我发展、自我实现息息相关。

好习惯不仅能水滴石穿，还能以点带面；不仅能改变你的性格，甚至能改写你的命运。故而美国心理学之父威廉·詹姆斯甚至提出如此论断：习惯使社会阶层自行分开，不相混杂。

相信每个人内心都有这样的愿望，通过培养好习惯来提升我们的生活质量与个人成就。只是万事开头难，我们想要养成的好习惯太多，竟不知从哪里开始。

我从自身的经验和知识出发，认为以下的7个习惯，只要我们能不畏艰难地坚持，每一个都会使你更加幸福和成功。

优秀的人，必须坚持的7个习惯

学习篇：书桌上只放一本书

我常常见到这样的办公室，在豪华气派的书柜、书桌上整齐地摆放着精装书。只是那些书不会被翻开。我也常常见到这样的人，他也很想充实自己，只是买书如山倒，读书如抽丝。

在每满200减100的电商狂欢里，我们很难忍住剁手，书桌上的书越摆越高，但你永远也读不完一本书。

除非你知道哪本是你最需要的，除非你能够持续地保持专注，除非你书桌上只放一本书。正如《尚书·大禹谟》所说

"惟精惟一"。

工作篇：缓事急干，急事缓办

我们工作时要处理的问题有两种，一种是比较急迫的事情，一种是不着急办的事情。

刚参加工作的人大都不明白"轻重缓急"是怎么一回事，结果不着急办的事被拖延到最后期限，反而成了急迫的事。而急迫的事因手忙脚乱错误百出。就这样把工作干了个兵荒马乱。

其实越不着急办的事情，越要速战速决。做到这一点，你也能成为办事利落不拖沓的人。更重要的是也为应对急迫的事情争取了足够多的时间和心力。因为越急迫的事情，越要沉稳处理，以免因急躁而出纰漏。

家庭篇：亲人之间要用敬语

很多分手的原因、很多家庭悲剧的起源不是因为不再爱，而是因为不再尊重。

因为海誓山盟、形影不离，你从未担心对方会分开。日常的互怼逐渐升级为一定要将对方说服。习惯争个高下的你渐渐地不再懂得对方的想法，不再确定对方是否爱你？你认为是对方变了心，变得那样快，因为你未曾仔细观察。没有谁离不开谁，互相尊敬就是互相珍爱。

在中国，很多家长认为自己生养了孩子，孩子就要无条件地感恩，就可以对孩子呼来喝去。即便有点素质的家长，孩子犯错后，也会不依不饶地直到孩子彻底承认错误、彻底驯服。

小孩子也有尊严，而且自尊心脆弱得多。很多孩子直至长大后也无法原谅父母，就是由于他们在童年时期所承受的至亲对他们尊严的羞辱，对他们感情的损害，那些暴力与冷暴力。

交际篇：用发消息代替点赞

每个人都有这样的经历，曾经亲密无间的朋友，渐渐变得疏远，最初还相互点赞，直至点赞都觉得尴尬，最后不再联系。我们可以找到无数不再联系的理由：忙、距离、圈子不同……

多年以后，因为搬家，你意外发现了同学录，上面无一例外写着：毕业以后要多联系……

是啊，使友谊之树长青的唯一方法就是多联系、互相来往。

因此，点赞不如评论，评论的背后是沟通；发评论不如发消息，因为消息的背后是主动，是我在牵挂你。

理财篇：记账

支付宝账单出炉的那天，朋友圈刷屏了。很多人说不看账单不知道，自己原来这么有钱。可惜的是微信没有出账单。

人过25岁，应该养成记账的习惯。

很多人不屑于记账，尤其在消费时代被输入的价值观是越花钱越有钱，最好是超前消费。记账太老土了，不仅是鸡毛蒜皮，简直是斤斤计较。

看《鲁迅日记》，记得最多的其实就是"账"，"午后寄丸善银六元""今日下午送来所买……银廿三元""往留黎厂买……一元"……

然而记账的目的并不是钱币，而是你获得和使用资源的情况与能力；不是冷冰冰的数字，而是生活与人情。

健康篇：早起

被誉为晚清"中兴第一名臣"的曾国藩对自己及家中后辈子弟的要求是：天色刚亮就赶紧起身，醒了以后一定不要有留恋安逸甚至淫邪的念头。认为"从来早起之人，无不高寿者"。

当然，想要早起的前提是早睡，这就养成了健康、规律的作息习惯。

而良好的作息习惯能带给你的不只是健康，还有充沛的时间和精力、良好的学习与工作效率，放松而愉悦的心态。完整的一天所带给你的对生命、对世界的体验与感悟，以及自律所带给你的自信与从容。

修养篇：自黑

如果你有朋友是北大、清华的，那么你一定不难发现他们高超的自黑技能。当自信帮你迈过别人的质疑之后，你还需要自黑帮你抗住别人的恭维。看一个人是否聪明，就看他是否对批评充耳不闻，而对赞美却照单全收。

法国教育系统让青年人研读最多的经典作品是卢梭的《忏悔录》。作为伟大的启蒙思想家，卢梭通过对自己所犯的罪恶所进行的毫不留情的揭露，通过鞭辟入里地分析产生这些罪恶的社会、文化、个人等原因，达到了最勇敢、最尖锐，也最深刻的自我教育与社会批判。

最高级的自信是自黑。

因为自黑的背后不仅有自我认知与自我教育，还往往巧妙地夹带对社会的揭露和批判。

将好习惯坚持到底的 4 种方法

自我对话

自我对话的实质是自我暗示与自我说服。是为好习惯的养成所做的心理建设。

自我对话可以像刘轩所提出的，多使用自己的名字，把自己化身为一个宽容、有力量的教练，对自己说："你可以做到的！你可以坚持下去的！"

也可以像丹尼斯·韦特利所提出的，劝说你的潜意识：变化正在发生。通过将自己想象成已经拥有某种好习惯的人，使你的新形象和新行为成为你的一部分。

外在激励

内在激励是更深刻、更持久、更强大的激励，但作为补充，外在激励也能起到鼓舞或勉励的效果。最常见的就是"找朋友一起来挑战"。

同样以早起为例，可以和小伙伴约定轮流叫对方起床，因为对方特意叫你起床，所以不好意思不起；因为不叫对方，对方就会迟到，所以不得不起。

制订简单有效的计划

一项简单的习惯养成计划主要包含具体时间、地点和方式这三项因素。

首先，最好每天都能执行，以使计划变成一个你不需要思考也可以完成的"惯性动作"。

其次，要在你能够承受的限度以内，不要一开始就是难度级，让自制力无谓地消耗，要是一个逐渐进阶的过程。因为你的自制力也在逐渐增强。

最后，要有一项B方案。如果今天的计划落空，可以及时启动补充方案来弥补。

用视觉化的方式来记录成效

视觉测量是一种看得到的检测方式，比如手机里的计步软件，比如番茄工作法，比如最近朋友圈很流行的薄荷阅读。视觉测量的好处是使你的每一项小行动，都有成就感。

对于限制玩手机的学生党，或控制不住玩手机的成瘾者，该采用什么视觉测量方式呢？

比如，收集用掉的笔芯。有一位高三的学生一学期用掉124根。

比如，回形针工作法，每完成一项小行动，就移一个回形针到另外一个空盒子。

坚持，是养成好习惯最难也最简单的一步是。正如哈佛大学心理学博士刘轩在《幸福的最小行动》一书中所说："如果你懂得如何用心理学设计行为的话，那建立新的习惯，也不会如你想的那么难。"

不要对手机上瘾，阻碍你努力上进

前几天，和朋友德俊谈到"上瘾"这个话题。我讲了自己手机上瘾的日子。

过年那段时间，北京变得寂静、空旷。我突然丧失了斗志。醒来也不愿离开被窝，把微博热搜一条条点开、抖音推荐一遍遍重放。洗脸回来，窝在沙发里斗地主，想这样比较有节日气氛。夜里也迟迟不睡，躺床上，想一天就这么荒废了！

出于补救的心理，打开知乎，收藏一波高赞回答；打开豆瓣，标记想读的书；打开当当，买几本想读的书……如此一波操作后，失眠了……顺手打一局王者荣耀，一把又一把被坑……第二天闹铃响了5遍才醒。醒来依旧重复昨天的生活。

洗脸时，镜子里憔悴的皮肤和眼睛里的红血丝，为新一天蒙上一层负罪感。

我下了款app（智能手机的第三方应用程序），监测手机使用时间，发现那段时期每天最长9个小时。

德俊说，他也有吃甜食上瘾的经历。后来他反思自己在什么情况下会去吃甜食？发现是刚刚参加工作时，做事分不清轻重缓急，力争把每件事做到最好，每个PPT做得漂亮，疲惫不堪，又接连受到领导批评，把吃甜食作为减压的途径。

我那段时间情况类似：签了一本书，因为没有多少存稿，只得熬夜去写，不久收到第二本书的约稿我又一口应承下来；编了两部诗选，后续的工作还没做完，收到第三本诗选的编选邀请我又满口答应；此外，研讨、演讲、电视节目，有任何邀约我都会努力完成，不想放过任何一个机会。

弦绷得太紧，终究会断。当连续几篇文章都没有被发表出来，当联系过的几个节目编导都没有回音，加之杂志社本身的烦琐工作，我觉得很丧。那时通宵写稿前我会和异地的女朋友倒计时见面的天数，在还剩十几天的时候，女朋友在电话中说我觉得我们还是更适合做朋友。我说好啊。挂断电话一身轻松，因为任何努力都失去了意义。

我就是在这个时候对手机上瘾的。

以前没有智能手机的日子，你是如何度过的？我问自己。

距考研3个月，我找到晓桐。请她帮我保管手机，虽然词典和听歌软件很方便，番茄工作法很好用，可它强大的娱乐功能也会分散我的注意力。没有在线词典可以用纸质版，没有听歌软件可以听窗外风吹树林的韵律，没有番茄工作法可以自己劳逸结合，最重要的是一分钟也不能浪费。

我在网上买了一部只能接打电话的手机。没有了微信与朋友圈，你会清楚谁才是你可以偶尔打电话发短信聊一聊的朋友，不过数人而已。

没有智能手机的日子，你会发现，曾占用你精力的微博知乎的热搜，朋友圈或是豆瓣的推送，90%都是你不需要的信息。而那些真正需要你阅读的书却被你束之高阁，"无暇"翻起。

以前读书读累了，我会玩一会儿游戏。其实玩游戏也耗费精力，而你换一门感兴趣的科目复习，或者做做练习其实也是一种休息。

以前走路上厕所，几乎所有碎片化的时间都用来玩手机。而其实，这些时间更适合用来背一篇英语范文、一首古诗词，或仅仅用来感受昼夜晨昏的美好时光。

　　这3个月里我收获的不仅是学习时间和学习效率，还有更重要的品质，判断力、自控力、管理时间和享受生活的能力。但当时我并没有意识到这些，所以我才会在几年后遭遇瓶颈期时重新陷入手机上瘾的怪圈。

　　所有上瘾都包含避世的成分。你的世界大雨滂沱，所以你撑起一切可以挡雨的东西，跑向任何可以躲雨的地方。这雨可能是压力、坏情绪，或仅仅是无聊。而当天气放晴，你需要收起雨伞、走出屋檐，去做计划做的事，去见应该见的人。

　　当我扛过了失恋的灰暗期，当我的抗压能力不断增强，当我能够认清什么事情是我前行中必须迈过的台阶，什么是旁逸斜出的小路，无关命运前途。我玩手机的瘾也随之消失。

　　正如帮你解压的小程序并不能增强你的抗压能力，更不能提高你解决问题的能力。即使你每隔6分钟打开看一遍，那块屏幕里仍然没有你想要的答案。唯一能使你走出低谷的是迎难而上，努力攀登，而不是世上无难事，"只要肯放弃"。

　　当然，我并不反对智能手机。相反，我们要学会掌控智能手机，只是不要对手机上瘾，阻碍我们的努力上进。

科技进步的脚步不会停止，相信用不了几年，能够取代智能手机的更加先进的技术就会出现。我们无法抗拒未来，但也不能被未来所淘汰。

我们要利用现代科技使生活更轻松、更有质感，在事业上更充分地自我实现。还要比机器更智能，抓住每一个使自己迭代更新的机遇，成为一个不能被替代的人。而在现实中，我们要活得更努力、更坚韧、更辽阔、更诗意，也更有人情味。

有多少不成功是因为不专业

我关注了几十个文化类公众号，几乎每天都能看到这样的文章，劝诫你要加倍努力。如果你迷茫、焦虑那是因为你不够努力，或假装在努力；如果努力不能解决问题，那就更努力一点。

但是努力真的能解决一切问题吗？

我有一个朋友是高考复读生，他焚膏继晷地苦读，希望自己有金榜题名的一天；如若哪天没用功，他就会无地自容，提醒自己要更努力弥补这一天的缺憾。周围的同学见他这么用功，都勉励他高考一定能上600。

终于等到高考成绩出炉的那天，他再次名落孙山。他二话没说，收拾好课本，选择继续复读。并在课桌上刻下一副名联："有志者，事竟成，破釜沉舟，百二秦关终属楚；苦心人，天不负，卧薪尝胆，三千越甲可吞吴。"

就这样，他从21岁参加高考，一直考到63岁也没能考上。他曾兼职办辅导班，但经他辅导过的学生也没有考上的。

当然，他不是我的朋友，而是被郭沫若誉为"写鬼写妖高人一等，刺贪刺虐入骨三分"的《聊斋志异》作者蒲松龄。

蒲松龄科举屡试不第的原因是因为他不够努力吗？似乎不是，他曾在《〈醒轩日课〉序》中提及自己备考的勤奋："朝分明霞，夜分灯火，期相与以有成""庶使一日无功，则愧，则警，则汗涔涔下也"。他如此奋斗到63岁，还能再怎么努力？

那是因为他自己所归咎的"盲眼"考官与科场腐败吗？也不是。经有关专家分析，蒲松龄参加科举的时代是康熙中前期，政治清明，对科场舞弊案打击尤为严厉。而蒲松龄所遇到的考官张鹏、金煜、吴国龙、张鸿猷、翁叔元、高龙元等等皆是为官清正、重才饱学之士。

文学家蒲松龄乡试屡次不中当然也并非才气不足。23岁即以顺天府乡试第一名解元夺魁、31岁入选翰林学士的纪晓岚曾评价他"留仙之才，余诚莫逮其万一"。

考生蒲松龄其实败在不专业。据学者研究，从文章写法上看，蒲松龄喜欢以小说笔法写八股文，不符合八股文的衡文标准；从理论水平上看，蒲松龄学理不深，对圣贤之言体悟不透；从考试规范来看，要求答卷必须按照页数顺次书写，漏页则是越幅，蒲松龄曾因越幅被黜；要求文章必须限定在一定字数，而蒲松龄却很少遵守这一规则。

有一个人，出身寒微，7岁时父母离异，母亲每天打三份工才能维持全家的生活。他的梦想和《喜剧之王》中尹天仇一样——成为一名演员。

20岁，他报考艺校落榜，经学姐介绍，才进入这所学校的夜训部学习。他一有时间就看录像带、读书，研究演技，并想方设法争取演出机会。他经常向导演提出剧本没有的创意，力争将每一个角色演到完美。即使他只有龙套可跑，即使他一句台词、一个正脸也没有，演职员表里也不会出现他的名字，即使他只能扮演一具死尸。

他等待机会，要求自己永远在状态之中，不辜负可能给他机会的人。他相信自己一定可以做得比别人好，比别人不同。即便所有人都不理解他，都把他当成一个笑话。

　　有一次为了把戏拍得好看，他和导演谈论演技，听到导演跟身边的人说："这个人怎么跟一条狗一样。"就像《喜剧之王》中因为演戏过于认真，一次次得罪导演甚至整个剧组的死跑龙套的尹天仇被吴孟达饰演的场务骂："屎，你是一摊屎，命比蚁便宜。"

　　26岁，他终于等到了机会，当初骂他是狗的导演选中他出演配角。原因是他"样子讨人嫌，口舌招尤，又会演戏"，比较符合角色的需要。他也抓住了这次机会，凭借精湛的演技，拿下了台湾电影金马奖最佳男配角，也结束了他长达七八年的龙套生涯。

　　当然，这个人也不是我的朋友，而是喜剧之王周星驰。

　　你看《喜剧之王》，如果只看到"我养你啊"，可能没大看懂周星驰；看到"努力，奋斗"，可能只看懂了一点点周星驰；看到"我其实是一个演员"，才算真正地看懂了这位喜剧之王。

　　《喜剧之王》反复出现的一句话是："能不能有点专业精神！"毛舜筠曾评价周星驰："周星驰这个人很怪的，整天要求改剧本。现在我才明白他为什么是那样子，他只想着如何把戏拍得好看。"有位记者也这样评价星爷："星爷最重的是电影，最怕负的是戏。"

正是周星驰所推崇和践行的专业精神，支撑他从喜剧演员一路成长为喜剧之王。

与周星驰封王之路相反，我们见过太多这样的人：一夜成名，转瞬即逝。就像我们曾经学过的课文《伤仲永》。

仲永没有才华吗，他5岁"指物作诗立就，其文理皆有可观者"。他不努力吗？他父亲"日扳仲永环谒于邑人"。真正使仲永泯然众人的原因是什么？是他没能按专业的标准来要求自己。作为初学者，仲永的儿童诗令人惊艳。可作为专业诗人，他就必须不断锤炼诗艺，不断超越自己，逐渐形成并不断强化自己的个人风格。

与仲永的情况类似的是女明星欧阳娜娜。她11岁赢得台湾大提琴比赛冠军并以特优第一名保送台湾师大附中音乐班。12岁在台湾成功举办四场"Only&Nana－2012欧阳娜娜大提琴独奏会"巡回音乐会，成为台湾"国家演奏厅"有史以来年纪最小的演奏家。13岁考取美国柯蒂斯音乐学院并获得全额奖学金。

但15岁，欧阳娜娜突然从柯蒂斯音乐学院休学，进入娱乐圈。演戏、上综艺、做代言、炒作，开始了她饱受争议的"日扳仲永环谒于邑人"之路。为什么有那么大争议呢？是她不够努力吗？也不是，欧阳娜娜为参加《演员的诞生》，曾在排练时哭到满脸通红，她这么卖力地演"招娣"，也不过是给吐槽她的人贡献了请她清醒一点的表情包。

谁都无法否认她的音乐才华，也不得不承认她的确没什么演技。我们不知道没有演技的欧阳娜娜能在娱乐圈走多远，应该没有拉大提琴的欧阳娜娜在音乐之路上走得远吧。清醒过来的欧阳娜娜考入了伯克利音乐学院。经历了3年娱乐圈的历练，相信她应该明白，无论往哪个领域发展，专业度永远是制胜最重要的那一个砝码。

或许爱迪生的名言"天才就是1%的灵感加上99%的汗水"太深入人心，所以人们才热衷辩论天赋、勤奋哪个更重要。它们当然也重要，但不能离开专业这一标准。很多人热衷讲故事，讲自己多么不容易、多么努力，最后交出的答卷专业上不过关。

我们喜欢夸大奋斗精神，忽视专业精神。但是中国人懒惰吗？中国人劳动总量世界第一，劳动参与率世界第一，是世界

上最勤奋的人。中国人真正欠缺的是专业精神。我们一贯"大
丈夫不拘小节"。但就是这"小节"，让刚看完心灵鸡汤，热血
沸腾的你有力不知该往何处使。

前几天网上热炒曾做过导演的冰岛门将扑出梅球王的点球。
但是，他曾跨界不代表他业余，相反，他极具专业精神，做足
了功课研究当今世界最具攻击力的球员之一梅西，包括他罚点
球的习惯性套路。刚好梅西这次就是按套路出的牌，所以哈尔
多松才能做出准确地预判。

回到文章开头，努力真的能解决一切问题吗？我想"专业"
地分析和解决问题应该比"努力"地分析和解决问题成功率
高一点。川航3U8633航班在执行重庆至拉萨飞行任务中，于
9000米高空突发驾驶舱右风挡玻璃破裂脱落罕见险情。机长刘
传健沉着应对，最终化险为夷。媒体将这次迫降誉为"史诗级
的降落"，他却回应这不是奇迹，只是他专业积累的结果。

我想他并非谦虚，只是说了实话。把专业技能发挥到极致，
就能创造奇迹。所以，"能不能有点专业精神！"

读什么专业更容易成功？

  每年高考报志愿或考研选目标的节点，都会有无数同学困惑于同一个问题：我应该选择什么专业？专业、学校、城市哪个更重要？

  其实早在1816年，法国的一名青年也在为报志愿的问题苦恼。他本人对文学专业感兴趣，却遭到父母的极力反对。他们希望他从事一份扎扎实实的工作，为他选择了热门的法律专业。他顺从地读了3年法律，期间还被安排在一位诉讼代理人和一位公证人的事务所实习。

  读了3年自己并不感兴趣的热门专业，坚定了他成为作家的决心。他拒绝了家人安排的公证人事务所的职位，苦心孤诣一年，完成了一部悲剧的创作。法兰西学院的一位院士看过这部剧后讽刺他："随便干什么都可以，就是不要搞文学。"

他重新陷入深深地自我怀疑之中。他怀疑自己并没有文学天分，决定尊重父母的想法，回归现实踏踏实实地赚钱。他创业办工厂，并得到父母的资金支持。4年以后，血本无归。

那一年他30岁，父亲去世，51岁的母亲替他还债，他不得不重新尝试创作。他在书房放了一尊拿破仑雕像，在剑鞘上刻下："他用剑未完成的事业，我要用笔完成！"那一年，他用真名出版了一部长篇小说《最后一个舒昂党人或一八〇〇年的布列塔尼》，为他个人带来巨大声誉，也为法国批判现实主义文学奠定了第一块基石。

他的名字叫巴尔扎克，到51岁去世时，他已写出91部小说，合称《人间喜剧》，被誉为"资本主义社会的百科全书"。他本人被誉为"现代法国小说之父"。去世时法国最有影响的雕塑家罗丹为他雕刻纪念像，大文豪雨果面对成千上万哀悼者评价道："在最伟大的人物中间，巴尔扎克是名列前茅者；在最优秀的人物中间，巴尔扎克是佼佼者之一。"

翻开各界名人的履历，你会发现为数不少当初报志愿时都没有报自己感兴趣的专业，而报了热门专业。以作家、诗人为例，除了上文提到的巴尔扎克，大文豪歌德、西方现代主义文学先驱卡夫卡、"自然主义之父"福楼拜、中国最有影响力的当代诗人之一海子，学的都是热门的法律专业。最后兜兜转转回归初心，才最终取得了巨大的成功。

所谓热门专业，是指市场需求较大的专业，但相应地，报考人数也比较多。几乎所有人都把热门专业视作成功的捷径，认为好找工作，但并不是每个人都热爱和擅长。任何领域都是分层次的。像金字塔一样，基层人才占绝大多数，他们的发展前景并不明朗。越往上走，地位和收入越高，面临的竞争也越大。

如果你不甘于基层工作，就要和别人在专业能力上竞争，如果这一职业是你喜欢和擅长的，你就占据了主动和优势。否则就是用自己的短板和别人的长板较量，很可能处于被动和劣势。

说到底，报志愿是一个职业规划问题。你的规划不应该只以找到工作为目的。"智绝"诸葛亮在《诫外甥书》中说："志当存高远。"有的同学说志向是赚大钱，那你靠什么赚大钱，每一个高收入人群都有他擅长的领域。你凭什么成为某一领域的专家，不是凭学了这门专业，而是凭热爱、擅长这一领域。

因此，在选热门专业还是喜欢的专业这个问题上。如果你只是想找个工作，相信热门专业的确相对好就业。但如果你想成为高层次人才，你要选热爱的专业。如果你不知道自己喜欢什么，就看看自己的高考分数，哪一门考得比较高，就可以考虑相关的专业。

还有的人以试错的方法选专业，觉得即使学的不是最终从事的，也能拓宽自己的知识面和视野。这就没必要了，走弯路的人的确能看到不一样的风景，但如果有直路为什么不走呢？

说到报志愿选专业，我再举两个学霸的例子。

我们都知道会计学是一个热门专业。而北大光华管理学院会计学专业，更可谓炙手可热，对高考取得极高分数的同学来说是一个体面的选择，似乎一眼就望得到锦绣的前程。我读研时一名室友即从北大光华管理学院会计学专业本科毕业，毕业后他去了某著名会计师事务所。

但高强度的工作压力让他越来越怀疑自己是否真的喜欢会计工作，还是只是为了努力活成了别人眼中光彩夺目的样子。当他找到自己真正热爱的领域，应用语言学，便立即辞去了工作，并通过考研考入了北大中文系。

另一个例子是我读研时的同学。她从小学开始就有着清晰的职业规划，知道自己以后会一直念中文，她通过自主招生进入了复旦中文系，又通过考研考入了北大中文系。

两位都是高考的佼佼者，最后都来到北大中文系，区别只是一位在高考报志愿时有着清晰的职业规划，步步为营。一位绕了一点远路，通过考研找到了事业的方向。他本科4年会计学专业的学习、著名会计师事务所的工作经历，能为他应用语言学研究提供多大帮助呢？没什么帮助。

最后举一个学渣的例子，就是我。

我高考只考了451分，数学62、英语87、文综183、语文119。那年是2009年，文科的二本线是466分。按职业规划汉语言文学专业应是我的首选专业，我从初一就梦想当作家。但当时我认为高考失利的学生没有做梦的权利，现实一点吧。选一个热门、能赚钱的专业。

我选了西安建筑科技大学华清学院会计学专业。结果会计学专业里数学课占很大比重。大一大二刚从军事化管理的高中逃出来的我，厌学情绪被放大，凡是遇到不喜欢的课或老师就翘课。两学年我挂了十一门课：一门C语言、两门体育（跑1500米、3000米）、四门英语、四门数学（高数、现代、概率、统计）。

我把精力都放在文学上，做了一年文学社社长、一年本部文学院院刊《馨火》杂志编辑。大三我怕毕不了业，没有挂科，靠发表和获奖的加分获了一次奖学金。毕业时，我想找一份文学相关的工作。投了无数的简历，却石沉大海。最终选择了在一家施工企业做会计。

我曾努力表现，想让领导把我调入集团企业文化部，失败以后选择考研。

考研时又面临选专业问题，考创意写作还是现当代文学？我的职业规划更倾向创作而不是学术。而创意写作就是培养作家，并且它笔试、面试部分所考核的内容对于我来说更加擅长。确定好目标，经过7个月的边工作边复习，5个月的辞职复习，最终三跨考研成功。我也终于能按照自己的计划，稳扎稳打，将曾经那么奢侈的文学梦想逐渐变为现实。

如果回到高考报志愿的时候，我不会再有那么多功利的想法，就单纯地选择自己热爱和擅长的专业。那样我至少学习上会轻松很多，说不定每年拿奖学金，像我在北大读研时一样。考研也会比跨专业降低很多难度和风险。通过本科4年的学习，我文学基础会更扎实。我会大三下学期就准备考研，而不会等到在社会上碰壁碰了满鼻子灰再考。

我们的教育把职业规划这门课开在大四上学期面临找工作的时候。我觉得开设得太晚！我记得高中政治课似乎涉及一点职业规划的内容，但也主要是三观塑造，而不是专业指导。高考的考生们大都高考前两耳不闻窗外事，出分后只考虑四五天，就要着急忙慌地报志愿。

没有社会经验，也没有职业规划训练，两眼一抹黑就要报志愿。像我报志愿时对会计学、金融学、国际贸易、市场营销等等专业一点概念也没有。可供参考的信息就只是杂志或者网上盛传的学什么专业有"钱景"、哪些专业吃香、哪些大学专业未来要火……很多考生就是根据这些选了专业，而不是根据职业规划。

报志愿，首先要知道自己想成为什么样的人，成为里尔克一样伟大的诗人，还是霍金一样伟大的物理学家？要知道自己擅长什么学科，语文还是物理？凭所爱和所长选专业，而不是功利地选专业，才是最理性地选择。

不要小瞧所爱和所长，它们会帮助你登上行业的金字塔尖。只有你热爱，在遭遇坎坷时你才有坚持不懈的力量；只有你擅长，在面对竞争时，你才有舍我其谁的底气。

等确定了专业这个大的方向，再根据分数选择学校和城市。

高考后要做的第一件事，是重塑价值观

每年近千万考生参加的高考，被视为最公平、有效地实现阶层上升的通道之一。

在高考百日誓师大会上，"提高一分，干掉千人""考过高富帅，战胜官二代"的豪言壮语让你热血沸腾；平日里，"现在往死里学，上大学随便玩""人生有3个决定命运的转折点：出生的家庭，考上的大学，结婚的对象"的例行鸡汤也令你醍醐灌顶。

高考那天，食堂的伙食出乎意料的好，当载着考生的大巴驶离学校，平日里正襟危坐的老师们也慈眉善目地手捧鲜花夹道欢送，你感到深刻的仪式感。你想到为了这"一考定终身"的时刻，不止你寒窗苦读，你的家庭也倾尽全力，为你创造良好的学习条件。

你可能赢在起跑线，住的学区房，上的高端幼儿园、一对一辅导班，小学、初中、高中都是名校，一路辉煌地走过来，成为收到名校录取通知书的全国2%考生；你可能足够励志，在家庭条件不好的情况下攻苦食淡，也通过高考、考研或考博圆了名校梦；你可能和大多数人一样，没有名校光环的加持。

有名校的经历，人生是否真的会变得一劳永逸，被官方认证为精英、"既得利益者"，从此平步青云、走上人生巅峰？而毕业于二本、三本和专科，是否就注定平淡无奇，是否阶层上升的大门就永远向你关闭？

我有位同事，80年代参加高考。她跟我讲述了高考30年后，同学们各自不同的境遇。

那一年，她班上出了一位省理科状元，迄今仍是当地唯一一名省高考状元。那时，中科大分数线高于北大、清华，状元在众人的艳羡中选了中科大物理系。媒体争相报道，将家境贫寒的状元誉为"山窝里的金凤凰"。

本科毕业后状元被分配到北京某著名物理研究所，开展高大上的科研项目。直到某一天，研究所进行企业改制，在人才扎堆的研究所里，状元不幸被裁员了。

失去工作的状元先后到中关村卖过电脑，在上海卖过期货，但工作总是不尽人意，每月赚到的钱除去房租等生活开销，所剩无几。同学得知他的状况，反映到当地教育局长，也就是状元曾经的班主任那里。

教育局长反映给区长，区长说状元是本地的骄傲，只要他愿意回来，工作可以随便他挑。状元最终没有回来，他觉得自己愧对家乡的期待，选择一个人去深圳打工。他淹没在人群里，和普通的打工者没有分别。

毕业30年聚会时，当年成绩中等的同学有人成为中央政治局集体学习课的主讲专家、有人成为副部级领导、有人成为世界500强企业副总，而一位只考上专科的同学也在考研、考博后，成为985大学教授、长江学者。状元又一次缺席了。

同学们专程去看望状元。他的妻子事先嘱咐："谁都不许提'状元'两个字"。

如今的状元和妻子经营着一家小公司，日子比上不足比下有余。女儿马上也要高考，状元说不强求她考名校，只希望她自由平静。

我有一个学妹，是典型的赢在起跑线上的孩子。

父母是大学教授，从三四岁起便教她唐诗宋词；有海外生活和学习背景，英语流利自如，并具备德语的基础；大学还辅修经济学；除担任天文学会负责人，她还谙熟写作、绘画、舞蹈、口琴；寒暑假积极参加某国际非营利组织对贫困国家的援助项目。

在为人处事上，她也足够礼貌和讨喜。直到有一天，她给我打电话："学长你有时间吗？"我听到电话里她在哭，不知道发生了什么。匆匆赶到，发现她在借酒消愁。问她怎么了也不肯说，我想大概失恋了，云里雾里安慰好久。

最后她说那天竞选社长落选了，她又想起学习上无论怎么努力也考不了第一，想起老师在课堂上的某句批评，某位同学对她能力的质疑，想到她一个南方人远赴北方求学的不易，哭得越来越伤心。她说："学长，我大学像狗一样活着。看似什么都会一点，却什么都不专业。什么都想努力争取，又常常得不到。"

前段时间，看到她在重要的刊物上发表了作品，我向她祝贺。她却说正准备申请休学，因为她的绩点不是很高，不知道双学位能不能顺利拿到，而且最近的状态也一直不好。

看起来自带光环的她，内心怎么会堆积这么多焦虑、失落和无可奈何？

钱理群教授曾撰文《大学里绝对精致的利己主义者》，批评"没有信仰，没有超越一己私利的大关怀，大悲悯，责任感和承担意识""将个人的私欲作为唯一的追求，目标"的当代大学生。

徐凯文副教授则在《时代空心病与焦虑经济学》演讲中进一步揭示了当代大学生的"空心病"："北大一年级的新生，包括本科生和研究生，其中有30.4%的学生厌恶学习，或者认为学习没有意义；还有40.4%的学生认为人生没有意义，我现在活着只是按照别人的逻辑这样活下去而已。"

其实至迟在高中，这个种子就已经种下了。我们的学生太熟悉这种口号了："进清华，与主席总理称兄道弟。""通往清华北大的路是用卷子铺出来的！""要成功，先发疯，下定决心往前冲！"……

我们太过熟悉以至于忽视了背后极端功利和病态的价值观。我们每天打着这种"鸡血"考北大清华。但你知道吗，北大清华的精英传统是反功利主义的，它推崇的是这样的价值观：有独立之思想，有自由之精神；关注社会发展、关心人间疾苦。

所以即使你进清华，也很有可能无法与主席总理"称兄道弟"，因为你的价值观是："提高一分，干掉千人。"而总理的价值观是："为中华之崛起而读书。"

我们所接受的现实的、霸气的高考口号可能短暂地激发你的竞争意识，但却为你埋下了孤独、焦虑、与空虚的种子。能持久地、根本上为你提供精神支撑的仍然是对人生的目的、意义的追寻。你要知道你内心真正渴望什么，生活的本质是什么。

今天你是中文的尖子生，明天你的经济学绩点2.0，但这并不意味着失败，也可能是偏离了方向。就像那位学妹，她修经济学的理由只是她的父亲告诉她："兴趣真的不能当饭吃。"

今天你是全省瞩目的焦点，明天你拿着比普通人还低的工资，但这并不是生活的真相。才华横溢如苏东坡者，也难免被贬为黄州团练副使，但即使被一贬再贬他也没有被打败，因为他坚持："莫听穿林打叶声，何妨吟啸且徐行。竹杖芒鞋轻胜马，谁怕？一蓑烟雨任平生。"

经历考前的极度务实的价值观"洗礼"后，无论你高考得

意还是高考失利，高考以后，你要做的第一件事都是重塑自己
的价值观。你要知道什么是思想、什么是价值、什么是尊严、
什么是幸福……

　　你要知道提升自我，不仅仅意味着增加技能，也意味着提
升眼界、格局，使你不囿于眼前的利益、成败，不囿于小我，
而能够超脱，因为你有更高的尊严、价值和意义。它是人生这
场游戏中的"我方水晶"，是你需要保护，在你受伤时也能给
你回血的精神支撑。

命运对你百般戏谑，只因你一直犹豫不决

你拖着行李箱走进多雨的秋天和未来的美好生活。

已很少想起那个俯身为你讲题的少年，就像一个诗人附身注视着花朵。

为什么我们那么怀念青春？

前段时间，"中年油腻"成了网络热词，用来形容一部分世故圆滑、不修边幅、庸俗猥琐、没有真才实学却又喜欢卖弄吹嘘的中年人。它戳痛的是中年人的深层焦虑。甚至一大波走向社会的"90后"也深感自己提前步入了中年危机。

与"油腻"一词相对应的是"青春"，我们都爱它。从图书畅销榜炙手可热的青春文学，到票房排行榜异军突起的青春题材电影，赚足了码洋与泪水。甚至走在街上遇见身穿校服的学生，你都不免赞美一句"年轻真好！"

你可曾仔细想过，为什么我们那么怀念青春？

我想，不仅仅因为时间，胶原蛋白或机会。更重要的是那时的我们有情有义，爱一个人，就要用天荒地老来爱；认一个人做兄弟，就要做一辈子披肝沥胆的兄弟！要玩就玩得痛快淋滴，纵使天降暴雨；要努力，就同时意味着鼓足了奋起直追的勇气！

　　我们缅怀的是那时的自己，毫不保留，无所畏惧！

　　不久前，我和一位"90后"朋友喝咖啡，她向我倾诉不知道该选择什么样的人做男朋友。她粗略描述了这几位追求者，其中不乏富二代、名校博士和健身教练。我说，选你喜欢的呀，就像你在比较一样，你又怎么知道他们没在"广撒网"。她迷茫地看着我说她也不知道自己到底喜欢什么样的。

　　不知从什么时候开始，爱情变成了一种博弈。你所要做的只是从一份份投标策划案里评选出最优方案。有时为规避风险，你也会将B方案或C方案备起来。有时最优解是0，你也会选择单身。当然，你也同时是投标方。因此，当我们谈论爱情时，我们谈论的其实是条件。此时的你难免恍惚"爱情真的存在吗？"

　　我想到中学时的同学安琪拉，那时我们都知道她喜欢一位学长。因为她迷妹到课间学长从窗外走过，她都会激动地拉起同桌："看，我男神，连上个厕所都这么帅！"我记得她的眼睛，笑起来像星星一样。

毕业前的最后一个圣诞夜，她去学长班上把学长叫出来，冒着被开除的风险，给他放了1000多块钱的烟花。事先她已经在黑板上写下学长的电话号码，请每位同学在看到烟花时给学长发内容相同的短信："某某，安琪拉喜欢你！"

那晚，全校的人都看到了一场无比艳丽的烟火，和一个无比伤心的姑娘。她回到班级，趴在书桌上一直哭到放学。后来我才知道，学长的回答是"我不处对象"……

我已经忘了她后来有没有被处分，只记得她的"烟花债"着实还了好一阵子。

许多年后也许我们会吐槽年轻时的付出并不值得，年轻时爱过的人也并没有多么优秀。但那就是爱情该有的样子啊。不畏缩，不伪装，不问前程，不遗余力。喜欢你就会聊天置顶你的消息，就想把你介绍给我的全世界，听不到你的晚安，就矫情到彻夜失眠。

因为爱情就只是爱情，爱情就只是"去爱"。不是本能情欲，不是因为寂寞才谈恋爱；不是橱窗里的奢侈品牌，不需要先脱贫再谈恋爱。

后来我问安琪拉，再让你选择，你会选你爱的，还是爱你的人在一起？她说："和喜欢自己的人在一起，自己的确会轻松些。但女人最终还是会嫁给自己喜欢的人吧，因为不只是爱对方，爱的也是那个敢爱敢恨的自己。"

我想起小V。曾经同甘共苦的兄弟，却渐渐淡出彼此的生命里。

但最初，我特别想揍他。那是大一刚开学不久，小V就像《大话西游》里的唐僧一样，又迂腐，又碎嘴，在我的世界里晃来晃去。有一天，我再次感到被冒犯，就跟小V约定一个时间地点，我提醒他多找点人，免得被揍。

那一天，他只带了两个人，我带了十几个朋友把他围在中间。但是他找的两个人我都认识，架没打起来。

幸好没打起来。不然就少了大学四年里一起写诗、一起啃大部头著作、一起喊楼、一起骑车去大雁塔的青葱岁月。

本科毕业一年多，我辞去工作，一个人闭关考研。寂寞到自己和自己说话。小V的情况也差不多，在那个建筑工地上，他一个人就是一个财务科。在我位于城中村的月租300的陋室里，我们彻夜长谈，谁都舍不得睡。想起什么说什么，可能只是太久没和"人"说过话。

是他告诉我，你一定要坚信自己能考上，要自己相信和支持自己。就是靠着这股不知道哪里来的自信，我一个学渣，一个不仅不爱学习、做任何事都常常半途而废的人，竟然把考研这一年完完整整地坚持下来。

考研结束那天，他赶过来请我吃饭，他和服务员说："我朋友刚考完研，他一定能考上北大。"我听了很感动。

读研以后，我们谈起近况，不知不觉，聊到梦想。我说我拿到一个高薪的offer，但是我不想去，那不是我擅长的领域，如果不能用自己的所长为世界提供一些新的东西，那工作还有什么意义？

他用吃惊地语气说："你能不能靠谱点，你现在还想着改变世界？"

我沉默半晌。他改口说："挺好的。"

也许他已经听腻了我不切实际的想法，我也厌倦了他公司的派系斗争。我们之间的共同话题越来越少。也不再给对方的朋友圈评论、点赞。

有一次，他到北京出差。我们坐在未名湖边的长椅上看翻尾石鱼上晒太阳的乌龟。他说家里安排了相亲，姑娘不错。他辞职了，准备考个公务员，就此安定下来。另外家里的房子也要拆了，他调侃说自己快成拆二代了。

我突然意识到我们真的不再年轻，当初轻狂的少年已经与世界达成了和解。只有我还像低能的阿甘一样，一根筋地向前奔跑，妄图跑赢时间，妄图跑赢命运，妄图跑赢社会的修罗场。

也许什么也无法跑赢，但我就是不愿我最好的哥们丢掉输的勇气。

愿你输给世故，愿你输给现实，"愿你出走半生，归来仍是少年"。

前不久，一位在百度工作的同学说，他们部门一位年薪50万的大姐辞职了，考回了老家做公务员。

从数据上看，2016年度国考共有139.46万人通过了用人单位的资格审查，这项数据2017年度增长到148.63万人，2018年度增长到165.97万人。这还只是国考，还不算各个省的省考。

为什么有那么多人想考公务员？为什么有越来越多的人想考公务员？

我想，不乏有人为了理想，我有一位同学国考考入了中直工委，她说未来想到基层去实践锻炼，"我需要学会与农民打交道，了解更全面的中国"；不乏有人为了落户，尤其在北上广，户口是应届毕业生们必须考虑的问题；而更多的人是为了令人羡慕的稳定。

我也曾禁不住家人劝说考上了某省会城市市委组织部的定向选调生。家人说，我们不想你在大城市打拼得太辛苦，起码在这个城市我们可以帮你买房，在北京，那个二手房也要每平方米七八万的地方，哪里是我们小户人家能承受得起的。

是啊，我几乎就被说动了。有周转房、有安家费、有级别，有传说中的晋升渠道，虽然工资差强人意，虽然几乎没有任何福利，但在婚恋市场比较吃香，父母说出去也有面子。还有什么不满足呢？

但，我想做的只是一名作家啊，那不是我的爱好，而是我的事业。我曾经拼了命地努力才考上名校中文系的研究生，为的是靠梦想更近一点，而不是将梦想推得更远。我才20多岁，我的一生应该是奋斗的一生，我的未来应该有无限的可能，我着急要什么安逸和稳定？

　　曾经有一位同学在微博上问我，如何看待"大城市容不下肉身，小城市放不下灵魂"？我有很多朋友毕业以后选择了回到家乡，而在那些经济不那么发达的地方，体面的工作，也只有公务员了。

　　我确实能够理解逃离北上广的心理。因为我也有生活在大都市的焦虑。

　　你知道北京的三环什么时候最美吗？是晚高峰最堵的时候。拥挤的车灯将三环点缀成辉煌的流金，是车内人的焦虑共同织就了大都市的繁华。

　　但，我不能理解的是一个人不知道自己要什么，因为不知道自己想要什么所以就考公务员。我不能不将没有志气地追求稳定和轻松划归为"油腻"。

　　我希望你考公务员是出于热爱而不是跟风。这样在你发现它其实并没有想象的那么轻松时，并没有传说中的晋升机会时，在遭遇挫折时，在面临诱惑时，你依然能够不忘初心，砥砺前行。

　　愿你有力气，有血性，有满脑子的痴心妄想，有满肚子的传奇故事。

永不放弃，绝不妥协，仍是那个少年：即便"那年复一年的放纵未来离我们消失远去"，也"始终对绿光抱有信念"；"全城的人都翘头了""他一个人要去堵拿破仑"。

你也许会说有的"中年油腻"实非迫不得已，能够率性而活的终究是少数人。那么多比你我都优秀的人都过着平凡的一生。这个城市房价畸高，这个职场竞争激烈，这个社会人情淡薄，你我都自顾不暇。

也许爱情只是作家们想象出来的荒诞故事，没有人会在原地等你，你终将在不能再拖的年纪嫁给一个合适的人；你必须拼尽全力才能过好自己的生活，曾经再要好的朋友，失去了交集也只能渐行渐远；也许梦想只是一个漂亮的氢气球，总有一天你会放手，梦想会破碎，你会走向地铁换乘站浩瀚的人海。

那就在你弹尽援绝的时候再成为你年轻时所讨厌的那一类人吧！

否则就像艾佛列德在一首诗中所说的：

去爱吧，就像从来没有受过伤一样；

唱歌吧，就像没有人聆听一样；

所谓岁月静好，
不过是敢向命运叫板

跳舞吧，就像没有人注视一样；

工作吧，就像不需要金钱一样；

生活吧，就像今天就是世界末日一样。

你这么焦虑，一定很闲吧

每当新一年的法定假期安排公布，都会立即成为热门话题。随之被热议的还有拼假攻略。我们一年365天中到底有多少假期呢？相信这个数字一定令你诧异。

据计算，2018年共有29天法定假期和104天周末，即全年总计133天假期，占一年的三分之一还多。这还不算寒暑假、年假和每天工作时间以外的闲暇。

许多人对"闲暇"这个词存在一定的误解。想到"闲暇"，就想到虚度时光，逛吃、刷剧、吃鸡、玩手机……据德国数据统计互联网公司调查发现，中国人每天花在手机上的时间为3个小时，沉迷手机程度全球第二。

讲道理，我们不可谓不"闲"，那应该有一种满足的安宁吧？应该有足够的时间照顾身体、安顿灵魂、经营事业与生活吧？

但恰恰相反，焦虑已经成了我们的时代症候。健康、房子、户口、婚姻、孩子、教育……无不牵动我们的神经。套用到刷爆朋友圈的第一批"90后"身上，就是第一批"90后"胃已经垮了、已经离婚了、已经秃了、已经出家了……

相信很多人有这样的体验，入睡早晚取决于手机的电量、如厕长短取决于手机的电量……我们消极地消磨掉大块的空闲，反过来又感慨"时间都去哪儿了"？如此，不焦虑才怪。我们或许该相信本杰明·富兰克林所说的："闲暇是为了做出某种有益的事而有的时间。"

姑且看富兰克林利用闲暇做了哪些有益的事？在科学领域，他发明双焦眼镜、蛙鞋、避雷针，当选英国皇家学会院士；在政治领域，他参与起草《独立宣言》和美国宪法，被美国人誉为"国父"；在教育领域，他创建宾夕法尼亚大学，是著名的美国8所常春藤盟校之一……

但富兰克林于逝世前几年为自己写的墓志铭却是："印刷业者本杰明·富兰克林的身体长眠于此。"可以说，这是一个印刷工富兰克林用自己的闲暇顺便改变世界的故事。

我有一位朋友，大家私下里叫他虚度先生，可以用一句话评价他："不是棉纺厂技术员的昆虫摄影家不是个好鲁奖诗人"。

他在本科期间主修电机专业，却每天利用几个小时的闲暇阅读和写作。毕业后虽然分配到棉纺织厂做技术员，但仍然不时地向杂志社投稿。

工作一年后，虚度先生偶然看到某报社招聘启事，对文学的憧憬与热爱鼓舞他报了名，并从激烈的竞争中突围，顺利调入该报社副刊编辑部。

进入媒体工作的他专注于创作，才华也逐渐显露。先后获得重庆建国40周年文学奖、重庆五个一工程奖、四川省优秀图书奖……

34岁，前程一片大好的虚度先生却因工作压力剧增罹患心肌炎。他听从朋友建议买了相机，利用空闲时间出去摄影采风。一个偶然的机遇，使他拍到难得一见的高清食蚜蝇照片，并从此走上昆虫摄影之路。

41岁，他出版了第一部昆虫摄影作品集。49岁，由他主编的《中国昆虫生态大图鉴》获"中华优秀出版物奖提名奖"、"中国出版政府奖提名奖"及重庆市科技进步二等奖。

51岁，虚度先生凭借诗集《无限事》问鼎中国最高的文学奖项之一鲁迅文学奖。同年，他的诗歌《我想和你虚度时光》经"为你读诗"公众号推送后，阅读量逾600万。这首诗也被民谣女歌手程璧谱曲，收录到同名专辑中。

至此，他收获了"虚度先生"的雅号。他的名字叫李元胜。

萧伯纳说："真正的闲暇并不是说什么也不做，而是能自由地做自己感兴趣的事。"从李元胜的身上，我们看到他自始至终保有两份事业。当电机是主业时，他以创作丰富他的生活。而当创作跻身为主业时，他又发展了新的昆虫摄影的爱好来释放工作的压力。

以业余爱好来"虚度时光"的方式，不仅不会偷走一个人的岁月，更不会令他玩物丧志。反而，像"双面神"神像一样，人生因为增加了一个面向而收获了更强的韧性，更大的张力。

因此，利用闲暇最好的方式之一是培养一点业余爱好。正如有人评价希区柯克时所说的，不是建筑师的希区柯克不是好导演。有一点业余爱好，或者说拥有两份事业真的特别重要。

我们无须追随富兰克林式的在各个领域都做到极致的的人

生。但我们可以希冀，在我们遭遇低谷，在我们感到疲倦与空虚时，另一份事业（我们不必转行去专门从事它），依然能够带给我们无与伦比的满足感，至少它为我们提供了一个健康有效的发泄渠道。就像斗室中打开的一扇窗，使我们不必困在精神与物质的阴暗角落，并支撑我们扬起人性光辉的头颅。

我想这也是上帝赐予我们双手、双脚的益处。也许一只手比另一只有力，一只脚比另一只坚定，但只有不偏废、相扶持才能够做得更轻松、走得更辽远。

那么，利用闲暇最好的方式之二是什么呢？

是学习。

作为最懂生活艺术的现代作家之一，梁实秋在《闲暇处才是生活》中写道："手脚相当闲，头脑才能相当地忙起来。我们并不向往六朝人那样萧然若神仙的样子，我们却企盼人人都能有闲去发展他的智慧与才能。"

我想起一位师姐，她从北大到达特茅斯学院，再到哈佛大学念比较文学博士。令我印象深刻的是她曾在出国前在某培训学校打暑期工，导师知道后大跌眼镜，问她为什么不趁这个时间学习？

　　到美国，她发现身边的牛人同学都上过扎实的语言训练课，"有人从12岁开始学拉丁语和希腊语，有人高中修过几门大学的法语文学课。有一位甚至说，过去的6个暑假，我都没有浪费，都在上语言班。"师姐说："想起我浪费了所有夏天和周末，没有上过任何语言班，我脑子里顿时扑通了一下。"她感慨："每天学习8小时以下是不道德，也不敢的。"

　　在我看来，这位师姐俨然是神一样的存在，却以"孤陋"自称。再想想我所浪费的假期，顿时明白了，限制想象力的不是贫穷，而是短浅。

　　每个人的工作状态其实大同小异，但每个人处理闲暇的方式则千差万别。可以说，决定你生活层次和职业高度的，并不是你的工作时间，而是你的空闲时间。更何况这空闲时间数量是如此可观。正是人们使用闲暇的差异性与偶然性，决定了一个人的生活质量与未来发展。

　　利用闲暇的方式之三是什么呢？

　　是建筑于高效基础上的娱乐。

　　我有一位做事特别有效率的同学。每次考试前都会在班级群上传一份干货满满的笔记、无论办多么烦琐的手续她也都能第一时间办好，并在群里给出一份简洁明了的攻略。是我们专业送助攻最给力的学霸之一。

空闲时间，她喜欢读网络小说，并参与编选某出版社网络文学年选、发表相关论文若干；她还喜欢写作，写短篇获得过北京大学王默人小说奖，写网络小说，一部13万字已完结、一部147万字连载中，写诗登上过《诗刊》；还运营过一段时间公众号，发表热点文章若干……

此外，她还酷爱旅游，光最近一年去过的就有云南、欧洲……

但，她最喜欢的却是ACG（动漫、游戏），最后毕业签约了腾讯游戏做游戏编剧……

她还是跨专业保研到中文系的，本科在元培学院学政治，经济与哲学专业……

她还是以全国化学竞赛一等奖保送的北大……

令我惊奇的是，她哪里有那么多时间与精力做这么多跨度极大、工作量也极大的事情？

除了非常聪明，就是极致地高效吧。就像海斯利特所说的："工作，越做越会工作。越是忙碌，就越会有闲暇。"

　　高效的人除了能争取到更多的闲暇,并且对于闲暇也能更充分地利用。即不仅使闲暇更有长度,也更有厚度。不仅使人生更辽阔,也更丰富。

　　如此,会焦虑才怪。

　　对于做事既没有那么高效,又不善于利用闲暇的同学,则常常感到既没有学好,也没有玩好。就像电影《搏击俱乐部》所揭示的"我们的大萧条是自己的生活"。

　　我们的大萧条是自己的生活,而我们必须战胜它!

事先张扬的梦想，都不会实现

每当新的一年来临，朋友圈里"flag 林立"

俗话说："一年之计在于春。"因此，每当新的一年来临，朋友圈里"flag 林立"。

有人说新的一年我要早睡早起，有人说未来365天我再也不剁手，有人把头像改为"不瘦到100斤不换头像"……

而我就比较猛了，我给自己制订了1.5年计划："英语、德语达到C1，法语、西班牙语达到B1，德、英、法、意、西语文学的基础知识过关。"当时的想法很燃，想着一定不能倒，不能打脸，不能让别人笑话。这也算间接激励自己。

朋友圈发出去的3个小时，我每6分钟看一次朋友圈，一共收获了十几条评论，看到"好厉害，祝福""真棒"的夸赞，我都会微微一笑；看到"有时间忙得过来吗""这么多语言怎么学得过来呢"的质疑，我都会付之一哂。点赞数有60多个，我觉得自己俨然是励志哥。

如今，两年过去了，当初立的目标已经倒得不能再倒了。在那个瘪了气的牛皮旁边。我又惊悚地发现了一个新倒下去的目标。

那是今年年初，我在朋友圈里又发宏愿，要在毕业以前达成这些："北京市三好学生，北京大学优秀毕业生，《人民文学》发表一组诗，出版一本诗集。"这次收获了80多个赞……而命运也和两年前一样，一丁点儿都没能实现。

打脸吗？打。

疼吗？不疼，因为我把朋友圈设置成仅3天可见，可以及时地覆盖自己黑化的历史……

梦想是一个氢气球，你松了口，就泄了气

我反思自己为什么喜欢制定目标，而且是在朋友圈里。

是想让朋友们监督我吗？但是我的梦想和别人有什么关系呢？他们又有什么义务来负监督的责任呢？这种监督当然是几近于无的。反而有副作用，就是让渡了自己的主动性，让渡了

自己对于成功的渴望。

就像我用蚂蚁花呗透支自己的信用，但我的幻觉却是自己真的有这样的消费能力。并且信奉透支消费带给我的满足感，可以加快我迈向财务自由的步伐。

而我同样在朋友圈里透支自己的梦想。好像我事先张扬，梦想就免不了要实现一样。而下面的留言、点赞，更给予我这样的幻觉，好像梦想已经部分地实现了一样，好像自己已经提前品尝到了成功的滋味。

梦想却是一个氢气球，你松了口，就泄了气。

真正的渴望是隐秘的伟大的，是卧薪尝胆的越王勾践，并不显露自己的野心；是隐居避世的桃花源人，并不标榜自己的超然；只是一句"不足为外人道也"。

这就是为什么越来越多的人不愿意发朋友圈了，虽然遇到有共鸣的文章也会转发到朋友圈里，但习惯性地不加任何评论。

有人说这是佛系，这的确是佛系，因为这不是看破红尘，而是涵养以养深度。而是相比活在朋友圈里的光鲜，我们更需要活在现实里的质感。相比在朋友圈里走上人生巅峰，不如静默，随静水流深。

就像鲁迅所说："当我沉默着的时候，我觉得充实；我将开口，同时感到空虚。"

每年，有一百万人在假装考研

据中国教育在线研究生在线信息采集系统的数据：2016年3月，380万人有意考研；9月网上预报名，人数缩减为250万；11月现场确认并缴费，人数缩减为201万；12月参加初试的人数则仅有170万人。最终录取的只剩51.7万人。

我不确定参加初试的170万人中，有多少人因复习不充分，只是充当陪跑。

我确定的是，每年，至少有一百万人在假装考研！

本科时宿舍6人，4人有意考研。其中2个学霸，2个逃避就业，并指望被学霸带飞的学渣。大三上学期的冬天，我们曾一起去上辅导班。被"考研名师"们煽动得热血沸腾，觉得只要按照他们的方法，就一定能考上研。

当时全班的同学都知道我们4个要考研，学霸自然不容置疑，学渣却也不容小觑。

我号称自己和兰大的一位领导有拐弯抹角的亲戚，可以帮我找导师，为我的考研提供指导。另一位同志也宣称自己要考的导师是他爸的同学。吃瓜群众感叹：还是要有关系啊……其实我俩不过是虚张声势，怕别人说学渣还考什么研。

等到9月网上预报名时，2个学霸穿上正装，找工作去了。留下我和另一个同志面面相觑：闹呢？说好的带飞呢？说好的一起到白头，为何他俩却偷偷焗了油。

报名以后，我发现自己的进度是，专业课倒是过了一遍，英语单词则背了200个不到，更别提真题了。政治一点没复习。但是在我的QQ空间里，已经发了n条豪言壮语，偶尔上一次自习室，一定上传照片留念。

于是，我把QQ空间设置成了仅自己可见。

初试那天，我故意睡到太阳晒屁股。舍友问我怎么没去考试，我说哎呀我去，睡过头了……

另一位舍友去考了政治英语，但啥也不会，干坐着实在太难受，专业课就放弃去考了……

梦想，是用来实现的

再次考研，是两年后。而我也已经工作了。

我用实习期的积极表现，仍然换不来留在机关，当另一个分公司老总的女儿空降的那天，我被发配到南方的项目部，也萌生了考研的想法。

为了不让领导看出我身在曹营心在汉，我放了一套CPA教材在考研教材的上面做掩护。因为我做的是财务工作，考研只能是"地下工作"。

我每天早上5：40起床去办公室背100个新词，晚上11：30复习完500个旧词回宿舍睡觉。以前每天10个单词都背不牢，那段时间却用20多天，就把考研单词背了七八遍。

和我住一个宿舍的两个工程师每天看不到我。晚上我回去他们已经酣睡，早上他们起床而我早已经不在。某天，其中一个同事语重心长地对我说："小丁啊，你可不能再沉迷网络游戏了！那都是虚拟的，没事和小伙子们一起喝喝酒，比打那玩意儿强。"

我笑着说好的。然后继续把自己关在办公室里，去打一场叫作考研的游戏。

复习了7个月，我递交了辞职申请。领导问我为什么辞职，我说我要考北大中文系。领导哈哈大笑，我也跟着哈哈大笑。

我选择在一个无人认识我的地方脱产复习。5个月里，我把智能手机交给一位朋友保管。每天用一部只能打电话发短信的老式诺基亚。

我在社交软件里消失了一年半，再出现的时候已经拿到了梦寐以求的录取通知书。

梦想不是用来谈的，是用来战胜的

我反思自己为什么第二次考研时不愿意在朋友圈里炫耀自己的梦想。

因为，那就是炫耀。当你在秀梦想的时候，你是在秀你的识见、格调，是在树立你进取、优越的形象。你并不是真的想实现梦想，你只是想扮演而已。

梦想不一定都会实现，但梦想一定是用来实现的。否则，它就只是一条叫作白日梦的朋友圈，你也只是享受别人给你点赞给你刷的存在感而已。

梦想和白日梦有什么分别？

梦想是你暗恋隔壁班的同学，在你获得爱情以前，并不和任何人分享，因为你尊重、珍视这份相思。而白日梦是你喜欢的"爱豆"，你在微博上每天扬言要和他在一起，是因为你知道这并不可能成真。

我们总说："谈人生，谈理想。"但理想并不是用来谈的，理想是一个人的战争，它是用来战胜的。它不是用来向别人证明你自己，而是为了让你刷新对自己的认知。

在梦想这个问题上，能够说出的部分，是升起来的气泡，即生即灭；那绝口不提的部分，是沉潜的深度，是你秉持的志气。

现在流行为自己的努力打卡，让别人知道你在坚持阅读、健身、早起……

这些都很棒，但你并不需要直播你的努力。因为这些能提升你、能使你更有深度的修行，更需要你沉静与隐忍。

我们无法想象武侠小说里闭关修炼绝世武功的高手们，每天会抱着他的弯刀、他的神雕……在朋友圈打卡。然后每隔6分钟看一下手机，看看有哪些绿林好汉们留言、点赞了。

我们要学会独处静思，我们也要学会在内心深处下功夫，在与自己的对话中获得感悟与思想。这个压缩隐私的时代，我们更需要在心中保有一点必要的自我，保有一点必要的神秘。

必要的聚精会神以固守本心，必要的心静如水以深不可测，必要的低调的努力，以成就华丽的蜕变。

那些玻璃心的人，后来都怎么样了？

小学同学会上有人谈起小雪。那个几乎被遗忘的女同学在七嘴八舌的钩沉中轮廓清晰起来。

小雪个头瘦小、肤色黝黑，喜欢穿一条粉红的裙子，有一条无法掩饰的跛足。令人印象深刻的是她小肚鸡肠、爱生气、爱哭、爱打小报告。翻译成现在的话语：面色阴沉，玻璃心。

孩子的世界残忍的是，谁爱生气、爱哭，大家就偏偏愿意捉弄他。

孩提时流行起外号，以此显示自己的小聪明。却不免拿别人的生理缺陷开涮。

有人给小雪起外号"铁拐李"。喜欢疯闹的，故意推一下小雪扭头就跑，嘴里还叫嚣："铁拐李来追我啊，可惜腿瘸追不上！"

每个人都期待着小雪脸上的情绪变化：从愤怒到悲伤，终于趴在桌子上哭泣。

因为她喜欢穿一条粉红的裙子，就有难听的话说她是狐狸精。后来得知这条裙子是小雪外出打工的妈妈送给她的，于是小雪的妈妈也被挖出了黑料，说是在外面从事不正当的工作。

后来小雪辍学了。自称知道底细的同学说她父母离异，和贫困的爷爷奶奶一起生活。小雪为讨要生活费用常常在父亲母亲两个家庭之间奔波。

得知小雪将投奔在外打工的妈妈，我们怀有复杂的同情。一边想募捐让小雪继续回来上学；一边又假想小雪到了城市会变得更像一个狐狸精。

其实小雪不过是小学三年级的女孩。她还未来得及敞开心胸，倾诉不同寻常的经历与感受，就被一句句幼稚而恶毒的话语压得喘不上气。

今天我们碰杯，酒精中晃动着童年的吉光片羽。我们道别，在深一脚浅一脚的大雪中返回吾栖之身，没有人会感到抱歉。

没有人关心小雪后来怎么样了，童年对她意味着什么，是不断刺激着她的创伤还是经过雨打风吹散发出愈加耀眼的光芒？

　　玻璃心大概是近两年最被嫌弃的人格之一，一般是指内心过于脆弱敏感的人。

　　今天，有玻璃心的人被归类为负能量制造者，大家都怕被传染。大家都怕被怀揣着玻璃心的人碰瓷，牵扯时间精力，耽误了自己的事。

　　很难说今天"保持距离"的处理方式比我们孩提时期对小雪的捉弄好到哪里。

　　因缺乏相似的生活轨迹而难以代入别人的立场，这是人性。趋利避害，永远把个人成长放第一位，讲究有效与高质量的社交也是人性。但对玻璃心的朋友来说，渴望安慰、渴望连接同样是人性。拥有玻璃心人格的人就不应该有朋友吗？

　　在影片《芳华》中，刘峰善意的触碰，支撑起因出汗比常人多、因并不高明的情商而被集体嫌弃、被抛弃的"孤岛"何小萍最为困顿的青春岁月。后来，也正是敏感的何小萍最能敏锐地意识到刘峰的善良和痛苦。

　　脆弱本是人之常情，即使像何小萍一样伪装得刀枪不入，也依旧存在。人终究是渺小的，即使像刘峰一样坚强、无私的人也需要别人。

而自己修炼强大内心，学习社交原则的同时，仍能看见、理解他人的敏感、脆弱，并愿意与之建立善意的连接，是一个人最棒的修养！

你永远不知道未来会发生什么。

在我眼里，二姨一直是坚强、热心的人。她早年离婚后独自把女儿抚养成人。并尽她的时间、精力、积蓄照顾父母，帮衬兄弟姐妹。

她在50岁的时候，突发中风，加上小医院的错误诊治，我得知消息时她的病情已十分凶险。后来送到大医院抢救，虽然捡回一条命，却留下偏瘫的后遗症。

对于要强的二姨来说，丧失劳动能力就等于是个废人。那段时间每次跟二姨通话她都止不住哭泣。表姐说二姨完全变了一个人，变得极度脆弱敏感。

比如特别缺乏安全感，认为没有人关心她。为博得关注，她的言行渐渐变得夸张。她同每个人讲自己要自杀，活着是个累赘，讲如何料理自己的后事。

说得多了，大家也渐渐地不以为意。毕竟每个人都要面对各自的生存压力。看到大家反应越来越冷淡，再想起以前自己对别人百般好，她就更加伤心。

她在负面的情绪里越陷越深，周围的人也因之疲惫不堪。对于玻璃心的人，外界的安慰、鼓励只是暂时的，要彻底走出负面情绪、活出生命的意义，终究要靠自己的积极改变与提升。

据权威部门数据，我国中风病人有1200多万，每年中风发病人数为250万，中风发病率世界第一，且发病率还在以10%的速度上升。

我想，这些虽遏制了凶险的病情，却留下了偏瘫、失语、失认等后遗症的病人在经历了身体的治疗后，及时、专业的心理疗愈也是必要的，又是最易为大家所忽视的。

在"情商"有滥觞之患的今天，在对"内心强大"的想象高潮几乎演化为"绝对正确"的今天，我们似乎更有必要重新认识：谁的心都是肉长的，每个人都有负面情绪，只要是人就有脆弱的一面。

正如心理学家伊莱恩·N.阿伦所说："每个人都有高度敏感的时候，随着年龄的渐长，每个人都会变得越来越敏感。不管你承认与否，多数人在某些情况下可能会展示其高度敏感的一面。"

即便哈佛大学心理学博士刘轩也经历过玻璃心的日子：投资失利，在研究所也觉得缺乏学习动力，自卑到人就在哈佛却没参加大学毕业5周年的班级聚会，还吃了半年多精神药物。

我们已经被教育得足够功利，将从工业社会学到的标准化应用到个人成长中。似乎只有拥有标准化的人格，才能被社会所接纳，才能成功。我们这样要求自己，也如此要求别人。

而我们建立和适应的新道德其实和旧道德一样，我们无法忍受黛玉的敏感。中庸的宝钗才是白富美的旗帜。如果宝钗生活在当代，完全可以出一本畅销书：《我的成功可以复制》。

被敬而远之的黛玉是典型的具有玻璃心人格的人物之一。无法被复制的黛玉是《红楼梦》中才华最高的一位。就像伊莱恩·N.阿伦所说："才华横溢的成年人具有这些特点：冲动、好奇、独立性强、精力旺盛，而与此同时，这些人又性格内倾、直觉敏感、感情细腻、不随波逐流。"

一方面，我们要对玻璃心有足够的了解，利用它的优点，克服它的缺点。另一方面，我们也要学会和而不同。对人进行标签化是鲁莽的，人性何其复杂，岂是"玻璃心"三个字能够涵盖的。我们要像尊重自己的独立性和自主性一样尊重别人的。我们要像要求别人人格完善一样，学会互相适应和协调的人际交往能力。就像吉野弘在《所谓生命……》一诗中所说：

所谓生命

仅仅靠自身无法被完整创造出来

生命自有缺陷

需要他人来填满

站在桥上看风景的人

我们都读过卞之琳的《断章》。不知道这首小诗给予你的是哪方面的启迪？我把它看成对写作经验的隐喻。每一位作者都是那个"站在桥上看风景"的人。

"桥"象征着一种对话，连接此岸的作者与对岸的读者，今天的写作与历代的经典……在"我"与他者、与世界的碰撞中，激起的涟漪会抽枝、发芽，土地会伸出手来紧握，流动的思想会凝固成语言的艺术。

"桥"会使我们获得崭新的视角，我们的审美会参与到"风景"的重建。这是一种理想的创作状态，就好像我们跑步只是为了身心的美与和谐。而现实是我们往往不得不像竞赛一样奔跑，不得不接受"裁判"对作品的裁决，"裁判"可能是阅卷老师、责任编辑或大赛的评委。

创作的愉悦与紧张构成了某种张力，这种张力来自居高临下的审视，来自"在楼上看你"。我们清楚地知道"看"与"被看"的关系，这使我们的创作不免带有表演的属性。即我们希望我们所呈现的风景正暗合"裁判"的喜好。

却忘了那为"楼上"的人所钟爱的风景是以"你"为中心的。就像华莱士·史蒂文斯《坛子轶事》中"耸立在山丘顶"的坛子。"楼上"的人想看到的风景是为你的个人风格所统摄的风景。

中学时期，作文老师大都会教给你"术"，比如谋篇要"凤头猪肚豹尾"、议论文要采用"三段式"，甚至会让你忘掉所有个人的写作经验，只按照他传授的套路去写，因为这样"最保险"。

必须承认在应试作文的范畴里，这些有关形式的经验是有效的。原因是当我们阅读一篇作品时，对它的形式是比较宽容的。就像我们看微信订阅号上"人民日报夜读"或者"十点读书"的文章，这些文章在框架结构上比较相似，但这并不妨碍我们点赞。当然必须逻辑清楚。

一个顺手而有效的框架在应试作文中能为我们节约不少脑

力与时间。而且相比于形式，读者更在意一篇文章的观点，即新颖、巧妙又容易引发共鸣的切入角度；更在意素材是否鲜活、贴切，并缜密地嵌入你预设的结构之中；更在意你的语言，是否文从字顺，是机智风趣还是像花纹一样有漂亮的修辞。

这些是更直观的呈现，是读者进行评判的主要依据，是构成你文章风格的重要因素，是老师无法教的部分。因为老师无法替你流汗，它需要你像做数学习题、背英语单词一样日积月累地积累和练笔。

闻一多提倡"戴着镣铐跳舞"，对于应试作文来说，这镣铐就是时间。因此必须与时间争分夺秒，考场上每一分钟都很珍贵，每一分成绩更加珍贵，为了这"台上十分钟"，必须在平日里虚心求教，肯下苦功夫。

很多同学不知道阅读是讲究层次的，既要能够展开，也要能够立起来。

第一，在阅读方面，建议先读一点文学史打打基础，比如木心的《文学回忆录》。系统地梳理一下古、今、中、外的作家、作品、流派及其发展脉络。就会对文学史有一个整体的把握，对重点作家作品有一个相对准确的定位。

第二，建议读两本你喜欢的作家的自传或传记。通过人物传奇、丰富的一生，你能掌握大量生动的素材能如孟子所说"知人论世"，加深对写作，对作家作品，对社会人生的理解。传记故事性较强，比较好读，也比较励志。如杨绛的《我们仨》、林语堂的《苏东坡传》等。

第三是阅读名著，阅读经典的意义是一个老生常谈的话题，我这里就不多说了。篇目同样选你感兴趣的即可。名著当然要读，但不鼓励同学花大量时间在名著阅读上。

第四是读两本谈创作的书，可以是作家创作谈，也可以读"创意写作书系"。可以帮助你加深对创作的理解，也有一些现成的写作经验供你参考。例如卡尔维诺的《新千年文学备忘录》《巴黎评论·作家访谈》等。

最后是时文阅读，如《读者》《意林》等杂志重点推介的文章、刷爆朋友圈的爆款文章等。这些文章的引爆点一般是热点话题或热点事件，既是新鲜的素材，出题人也有可能会考。

杜甫说："读书破万卷，下笔如有神。"书读得多写作的水平就一定高吗？答案是否定的。写作的法门还要从写作中去寻。通过不断地训练来磨炼技艺，通过反复地修改来加深理解。

在我们训练应试作文时，要兼顾有可能考到的题型和文体。最近5年的高考作文都可以作为我们的题库。在写作的时候要严格按照规定的时间闭卷答题。

你可能不知道如何取一个好的标题。如果非命题作文，你要明白你首先想到的题目可能别人也会想到。你要比别人走得更远，训练自己取3个题目，从中选择最新颖的切入角度。

时下的公众号、微博、知乎"大V"们写的其实就是应试作文，每当一个热点事件出现，为了蹭热度，吸流量，大家都要在第一时间纷纷交出自己的作品。决定成败的其实就是立意。

对于素材来说，故事比名人名言要重要得多，新鲜的故事比经典的故事要重要得多。为什么很多文章上来就是"我有一个朋友"？第一表明这个素材新鲜，第二表示作者"在场"。新鲜具有吸引力，而"在场"具有可信度。

如果说决定论点成败的是角度是否新颖，那么决定论据成败的就是是否落入俗套。此外，素材与素材的衔接要逻辑清楚、不露痕迹。如何做到衔接不生硬，就要巧妙地使用连接词。

对于语言，很多同学存在误区。文采其实是一种总体风格，《滕王阁序》的光华璀璨是文采，通篇白话里强行加进来的一两句蹩脚的修辞、一两段莫名其妙的抒情不是文采。

比文采更重要的概念是"文风"，如果不能做到妙语连珠，起码也要做到文从字顺。

"戴着镣铐跳舞"的应试作文一定是低级的、痛苦的吗？未必。

我们从远处看"桥"，它像什么呢？像一个为河流戴上的镣铐。被时间的镣铐制约的是"逝者如斯夫"的时间，人终究会站在镣铐之上，看见时间以外的风景。

因此当我们学会了在限定的时间内布局谋篇，遣词造句。就好像运动员们在赛场上恣意挥洒，"镣铐"就消失了，出现的是"桥"，是我们与作文老师的合作，与历代文豪的切磋，与读者或"裁判"们的对话。

在中高考如此重要的考场上拿到的作文高分，未必不比自由投稿在大刊发表荣耀。

文章开头的理想与现实，"看"与"被看"的关系终将从卞之琳的《断章》变成辛弃疾的《贺新郎》："我见青山多妩媚，料青山见我应如是。"

中国有 2 亿人假装在单身

　　廖君毕业于某所985大学，性格外向，身材修长。对于"米七未满"的我而言，假如身高再高一厘米，我觉得自己就可以撬动整个地球。所以，一开始我很难理解廖君为何找不到女朋友。

　　当然，女朋友，我也没有。所以我俩常在一起厮混。时间一久，我渐渐理解了廖君的逻辑。

　　廖君和我一样，在农村长大，研究生毕业后留在北京。住的都是月租3000的合租房，出行基本靠地铁和共享单车，业余生活是加班，深夜回到家里感觉自己又穷又孤独。

　　廖君经常挂在嘴边的句式是："如果我有……就可以带女朋友……"如果我有房，就可以带女朋友到家里做客；如果有车，就可以带女朋友到郊区游玩……

在廖君看来，恋爱不是一种人权，而接近一种特权。这种特权的权重与所占有的社会财富形成正比。新"北漂"们大都一样，除了年轻，两手空空。但容易放大的是物质的匮乏，而看低年轻的财富、知识的财富、格局的财富、梦想的财富。

也常有女生问，你们男人是希望女人与你们一起同甘还是共苦？答案当然是同甘共苦。恋爱不是等事业有成以后才谈的，因为物质匮乏时也有甜蜜浪漫，事业有成时也可能缺乏陪伴。生活中的苦与甘往往是共生的。

廖君另一个口头禅是："如果有个女朋友就好了。"吃外卖的时候想，如果有个女朋友就好了，就可以一起做饭吃；宅在家里的时候想，如果有个女朋友就好了，就可以一起出去逛街；失去斗志的时候想，如果有个女朋友就好了，为了她，我也要咬牙坚持下去……

说到底，真有这样一个女神，来拯救一个既没有财富，也没有志向，既没有漂亮皮囊，也没有有趣灵魂，既不热爱生活、也不爱惜自己的你吗？也许有吧，观音菩萨。

有一种单身生活也很糟，就是活在失恋的阴霾里。

分手时，前任说："愿你一切都好！"我答："我当然会一切都好！我会分分钟找到比你年轻、漂亮，比你有格调、有才华的新女朋友。

事实是，删掉她所有联系方式后，我也忘不掉她。往事像雪片一样将我封冻。为不再梦到她，我彻夜不睡，沿着工体北路晃荡也没有用。我看见她垂首静立，无知、无辜，听见她在电话里说"我好想你"。知道这一切都不是真的。

就像桥梁坍塌，河流堰塞，我的感情郁结。就像我生命的一部分，随她一起离开了。而缺失的部分令我疼痛、失重，令我成为断章、残篇，成为一首晦涩难解的诗。

我推辞了一切社交，电话整日处于关机状态，过年也没有回家。当我对自己也感到厌倦，就找了很多孤独到极致的电影，借别人的故事来排遣，比如《月球》《摔角王》《寂寞芳心》《金氏漂流记》《海边的曼彻斯特》等，还有《精神分裂症》《被打扰的自杀》一类的短片。

直到我明白她也把生命的一部分留给了我，我的消沉不是因为缺失，而是因为排异。直到我学会像驯兽师一样与这部分野蛮的记忆和平共处。我答应她的，我会一切都好，我会做到。

有人说治疗失恋最好的方式是展开一段新的爱情。不是的，治疗失恋最好的方式是消化它。失恋不是错误，单身也并不可耻，可耻的是你不理解爱，是你对爱的理解还没有上升到一个新的高度。你要更了解爱、更了解自己，更了解人性，才能在下一个转角，遇到爱。否则，你就只是一个爱的赌徒。

还有一种单身是被催婚。

例如我的朋友超哥，硕士毕业于某中部大学，有房有车，唯有感情一直稳定不下来。只要有他参加的聚会，给他介绍女朋友，教他怎样谈女朋友，就是永恒的话题。随着超哥年龄接近不惑，亲戚、朋友纷纷劝他不能再拖。

对于催婚模式下的超哥来说，可怕的不是被大家催，而是大家都觉得你悲催。

每一个大龄未婚青年总免不了要经历这样 4 个阶段：开始大家觉得你社交圈小，缺少渠道，积极帮你介绍相亲对象，提醒你要抓点紧；后来认为你可能过于挑剔，眼光太高，只有条件比较好的才介绍给你，并建议你实事求是；再后来有八卦议论你社交障碍，不懂得与异性相处，只有与你关系亲近的人才给你介绍对象，催促你赶紧拿下；最后大家对你几乎不抱希望，不仅认为你为人处事不行，甚至怀疑你生活作风不端正，你成为世俗眼里的残缺者、另类，成为茶余饭后的反面教材、笑柄。

对这部分单身人群来说，比相亲更需要的，是不把单身等同错误，不把单身等同无能，不认为单身可耻的舆论环境。单身只是一种选择。正如我们说婚姻自由，当然包括选择什么时候结婚的自由和不结婚的自由；同样当我们说生育权，也包括选择什么时间生育的权利和不生育的权利。

每个人都有不同的生存处境，不同的人生规划，不同的思想观念。只要不违反法律法规。每个人也都有自由支配自己的肉体、灵魂、人生的权利。正如古谚说："儿孙自有儿孙福，莫为儿孙做远忧。"更何况用一个庸俗的观念来绑架一个有趣的灵魂？

还有一种单身是在朋友圈里假装单身。

有这样一种男生，你从他朋友圈里可以看到格调、才华、上进、爱心，只是，作为女朋友的你却从未在他朋友圈里出现过。他过得像一个最有价值的单身汉，他有着超好的异性缘。他说他喜欢低调，也永远不会用一条简单的朋友圈给你安全感。

分手后，他很快找到新的女友。也许就是以前他告诉你不要多想的某一个"朋友"。你感到悲哀，找他理论。他气急败坏，痛陈你的种种"不堪"。让你觉得是因为你总是想太多，因为你犯了那么多错，才把他一步一步推给"她"的。

有这样一种女生，自嘲是十八线网红，她曾经从一个小胖子狂减了30斤变成现在纤瘦的样子。看到朋友圈里坚持跑步的她，你心疼与赞扬她的努力。她说还不够，脸上有好几个部位还需要整容。她喜欢晒和闺蜜的聊天截图，喜欢把闺蜜称作后宫。你天然喜欢带点男性气质的妹子，认为这是她美丽不自知。

七夕夜里，她在朋友圈晒出你送给她的鲜花，文案是："佩服那些只知道我单位旁边地铁口和电话就能把花送到我手里的人。但抱歉，我还是喜欢现在单身的状态。"你一张黑人问号脸，好像刚刚把她从单位接去吃饭，吃完饭又把她送回家里的人不是你。于是你明白了，单身的"网红"最值钱，她要往高处走，而你只是她用来提身价的一个段子，一块垫脚石。

就像电影《这个男人来自地球》所表现的，你的身份就是你的一张嘴。只要你能讲得天花乱坠，你就可以让满屋子的哈佛教授相信你跟释迦牟尼学过佛法，圣母玛利亚是你的亲妈。同样，在线上约会蓬勃发展的今天，你的微信朋友圈就是你的身份感。

巴掌大的手机屏是现实世界的魔镜，让王后嫉妒，让纳喀索斯自恋。在魔镜的世界里，有人广撒网，有人钓金龟，有人

"树欲静而风不止"。每个人都有太多的选择，太多的诱惑，太多的困惑。

据民政部数据，中国单身成年人口数量超过2亿。2亿人中，一部分人或在沉重的生活压力之下将爱情物化，或在单身的幌子之下过着颓废的生活；一部分人在爱情的挫折面前丢盔弃甲，往事在他脑海里被不断磨皮、美白，成为无法自拔的富贵温柔乡；一部分人被催婚的风气所绑架，生活节奏与人生规划被人言可畏击得七零八落；还有一部分人假装单身，脚下踩着一颗颗破碎的心，或把恋爱看做一场游戏，或把恋爱看作进身之阶。

只有一小部分人在单身状态下过着自律的生活，正如《礼记》所说"君子慎其独也"；只有一小部分人在单身状态下找到了自我，正如《纪德日记》所说，"一颗心没有找到自己的道路"才是最彻底的孤独；只有一小部分人在单身状态下懂得了爱情，爱情不是放弃自我，爱情是自我的升华，是爱默生所说的"爱情就是一个人的自我价值在别人身上的反映"。

只有一小部分人在单身状态下悟到了生活的真谛，更加热爱生活，剩下的大部分人都是假装在单身。

可不可以只毕业，不分手

"高中追你的帅哥那么多，你为什么选择长相普通的小木？"很多年过去，我忍不住问小爱。小爱说："我想想啊……他每天买早饭给我，怕早饭凉，还放到肚子里保温。他学习也比较好。就这些啦。"

那时，还没有外卖这种操作，又不能随意出校门。小木为给小爱买她爱吃的蛋挞，冒险造了一张假假条，为防假条用久了磨损还在外面包了层透明胶……那时，小爱的数学成绩一直上不去，小木就拼命地钻研数学，只为等小爱的一句："小木，这道题不会。"

高三那年，小爱送我一张照片，背后有她和小木的签名。原来他们去照了婚纱照。照片里的他们又青涩又执着。我相信，如果18岁可以领结婚证，他们一定会去的。

高考前，教室里喧闹大过平常，走廊里的人也比往日多。同学们懂得离别的意义，快乐悲伤都显得过度。男生们打闹追逐，女孩们相拥痛哭，恋人间长久的沉默，就更令人难过。

后来，大家陆陆续续收到录取通知书，小木考入东北一所985大学，小爱则去了南方一所二本。就像毕业季大多数情侣一样，他们分手了。以前无论吵得多凶，都坚信会白头。而今笑着闹着，就默契地松开彼此的手。

从告白到告别，是美丽而残忍的成年礼。你拖着行李箱走进多雨的秋天和未来的美好生活。已很少想起那个俯身为你讲题的少年，就像一个诗人附身注视着花朵。

小雅和小北是我在某省公务员签约现场遇见的一对儿。他们来同一所学校。小北学信息安全，瘦削白净，很有少年感。小雅学汉语言，温婉娴静，像古代画卷里走出来的美女。我心里暗暗羡慕，因为他们是那么登对的一对儿。

小雅考上了省政府办公厅的工作，她家就在这个城市。小雅父亲专门从家里开车过来督促她签约。小北考上了省公安厅。看得出他的犹豫。也许他不确定要不要为了爱情追随女生去远离家乡的城市。但就像所有的童话故事一样，他还是签了。

后来我与组织部解约，去了别的单位。在朋友圈偶尔会看到他们的毕业旅游照片，从巴黎到巴塞罗那，从布达佩斯到佛罗伦萨。从他们的眼神里可以看到爱情。

半年后，偶然和小雅聊天，才知道小北找到了老家一份更有前途的工作。小北说可以各自努力，看谁发展比较好，再决定留在谁的城市。再后来，他们分手了。

爱情真的很脆弱，它会被阶层打败、被距离打败、被时间打败……最根本的是被选择打败，因为爱情从来不是生活的全部，它是生活中可以选择的部分，它是你面对99个放弃爱的理由时，仍然让你选择坚持的理由。

某天，平素很少聊天的可欣发来一条抵制皮草的链接，希望我转发朋友圈。我回："就不转，除非你亲我一下。"过一会儿，她发来一个亲亲的表情。再后来，她成了我的女朋友。

可欣小我4岁，正在读大四。她长得并不漂亮，但身材纤细、穿搭优雅。她说话紧张的时候有点结巴，看人的眼神有点羞怯。只是这种又单纯又迷茫的性格，给人致命的初恋感。

我们在雨天的街道上散步，去吃芒果冰，逛二手书店。她抽出《了不起的盖茨比》的英文版说："我觉得你真的很像盖茨比。"我开玩笑说："但是我不会为追逐无法挽回的爱情搭上大好的前程，妨碍我成为人类历史上璀璨的恒星。"

我本来计划撩一下就跑的，却忍不住计划未来。

和可欣讨论她留学的申请材料，她问："你有没有想过去巴黎生活一段时间？"我回答："不想，我是一个汉语写作的作家，不想脱离母语的环境和读者。"她说："我会想你，我会觉得很伤感。"

"但是你会回来的吧？毕竟你家在这里。"

"当然。"

"那我们还是会有结果的啊。还是会结婚，会有一个淘气的宝宝，会有一只高冷的猫。"

"你忘了。我害怕猫，讨厌小孩，也不想结婚……"

我试图搁置争议。最后还是说了那句话："我们可能不适合在一起。"可欣哭了两天以后说："我想明白了。你说的对，我们可以做朋友，朋友比恋人更长久。"

我远比自己想象的更放不下。我会梦到可欣，她站在某个小区的小花园旁，说你看这些花多美，你不觉得这个设计很棒吗？

后来，当我想通养不养猫、生不生宝宝、结不结婚、生活在哪个国家都无所谓的时候。一切都已成为往事。不知她有没有收到最想要的offer，但是我没能成为盖茨比，也没成为菲茨杰拉德。

中学时，写得了情书，省得下零花钱，用尽心机，打败情敌，小心翼翼，躲避老师和家长。那时以为什么也不能打败爱情，长大了更有能力保卫爱情。终于熬到毕业，原来预设的艰难苦恨都没有出现，而恋人却不知不觉走散。

大学时，拿得下奖学金，带得动坑队友，自信前程远大，背影却寂寞得像条狗。终于在学妹失恋时乘虚而入，从此无论多远的路都要牵着手慢慢走。转眼又到了毕业季，又面临异国或异地，侥幸在一个城市，生存的压力、红尘的诱惑、时间的消磨，再见是否会如初见？

原来爱情并不如我们想象得那样伟大，当光晕消失，豪华落尽，何其平凡。原来爱情并不如我们想象得那样比金坚，曾经为了爱情可以放弃一切，现在为了一切都可以放弃爱情。

人要往高处走，要变得成熟、成功，然后呢？当你轻裘肥马，看尽长安花色。偶然看见身穿校服的情侣，他们的青涩和笃定你都不会再有了。或者偶然造访导师家，看到那一对儿从大学一路到白头的伉俪，你会不会心生羡慕，尤其当师母摘了一捧门前的茉莉送给你时。

你会不会想到什么人？想到你曾经以为可以被替代的那一个人，像电影《比海更深》中响子说的，爱情中的替代不是简单的数据覆盖，而是像油画一样，新的一层涂在表面，而过去的一层仍保存在心里面。

你会不会想到分手怎么就成了毕业的一项仪式？可不可以只毕业，不分手？

谁不是一边『丧』，一边热泪盈眶

理智和真心永远高于莽撞与敌意，和解永远高于对抗。

你孤立无援时努力争取全世界的帮助，好过索性与整个世界为敌。

有没有一瞬间,情绪就要爆发了

　　栗子博士毕业后,考上某核心期刊的编辑岗。工作前,她将这份工作想象成浮世中一张安静的书桌,寄托文学理想的象牙之塔。工作后发现无论名校还是名企的光环大都虚无缥缈,工作与生活的真谛,在细微与平凡。

　　栗子喜欢写作,又在这么好的平台工作,朋友都很羡慕。某次我像往常一样问她最近在写什么。她沮丧地说,好久不写了,做编辑以后,任何成就都会被认为是因你的职位,而不是你的作品。

　　一次,我们约在她家附近喝咖啡。我羡慕她住在这么繁华的地段。她却无奈地告诉我,她租的只是狭小的次卧,附近二手房每平方米的房价是她10个月的工资。

　　直到有一次,她给我看她手机。有一位作者,她毕恭毕敬地发了好几条催稿信息，对方却一条也没有回；有一位因为发表时作品中个别不合理处被改动大发雷霆，要栗子一定要给个说法；有一些每写一篇新作都要发给栗子请求指导，而没有考虑是否占用了别人的时间；还有一些因为作品达不到发表要求，软磨硬泡纠缠栗子。

栗子说："虽然我工作不满一年，失落与不满却在一点一滴积攒。有一次我感觉情绪就要爆发了。突然想到电影《我们的世界》中，当姐姐告诉上幼儿园的弟弟要对别人以牙还牙、以眼还眼时，弟弟回答，一直在打架的话，那什么时候玩呢？我更喜欢玩。"

是啊，与生活和解，才能读懂生活。相比囿于个别人的偏见，抱怨房价的无力改变，充分利用平台和城市的便利条件充实和提升自己，不是更应该令你感兴趣？每个人的精力都很有限，拉开人与人差距的可能只是你的关注点。

因为平凡的生活中，没有灭霸对你打响指，而心态却可能将你击败。没有宇宙需要你拯救，只需要与人为善。因为即使你付出99%的努力都无人知晓，99%的善意都无人感激，但它们仍旧有100%的意义。

栗子问我，你是否也有这样的瞬间，感觉情绪就要爆发了？

我想起高考那年，成绩出来，我分数比二本线低15分。在心里排演很多遍后，硬着头皮把消息告诉父亲，我没上二本线，令他失望了。但我可以上三本，将来通过考研考一所好大学，仍然会有出息的。

父亲刚从蔬菜大棚打完农药出来，他卸下喷壶说："考不上大学证明你不是读书这块料，就在家里帮我种地吧。"

父亲平时和我说话就是这样的语调。只是这一刻，我情绪就要爆发了，想大声质问：您关心过我的学习吗？就断定我不是读书的料？

学习从不能使我豁免于劳动。即使在复习最紧张的日子里，我周末回到家，也会被父亲差遣去干农活。晚上想看会儿书，却由于屋子狭小，很难不被父亲看电视的声音干扰。终于他要睡了，却也把灯关了，因为他亮灯睡不着。

父亲对我的冷战也总以莫名的原因开始，令我毫无安全感。不幸，我每项花销都不得不向他伸手。父亲在账本里记下我每笔支出，适时提醒在我身上花了多少钱。我感到自己是贪得无厌的索取者。

但即便这样，我初一上学期和高一上学期的成绩分别是年级第28名和文科年级第16名。直到最后患上抑郁症，极度厌学，成绩才到了无可挽回的地步。

接下来的几天，亲戚邻居纷纷来游说，劝我不要再读了。理由是父亲一个人供我不容易，要我体恤父亲；父亲每年雇帮工要花上万元，我留在家里帮父亲种地，这笔钱就可以省下来。

直到一天睡前，我和父亲谈我的身体素质，做农民并没有优势，唯有通过努力学习，找到一份好工作，方才有出人头地的可能。才有能力把他接到城里，安享晚年。父亲有点感动，答应供我。就像他在我小学、初中毕业时都打算不供我了，最后还是供我上了昂贵的私立中学。父亲的妥协，就是他言说爱的方式。

而那些曾令我伤神的亲戚朋友，在我上大学时，也纷纷解囊相助。

今天，当我研究生毕业，做着自己喜欢的工作。我会庆幸自己在那么多次坏情绪一点就炸的节点没有真的让它爆发。

因为理智和真心永远高于莽撞与敌意，和解永远高于对抗。
你孤立无援时努力争取全世界的帮助，好过索性与整个世界
为敌。

舍友就只是舍友，连朋友也算不上？

在宿舍，每一晚的睡眠都是一场攻坚战

有没有一瞬间你不想在宿舍住了？

当上满一天课的你，疲惫地推开宿舍门，你看到的其实是大学的不民主：你不得不和天南海北，拥有不同体貌特征、生活习性和成长背景的人一起度过读书生涯的昼夜晨昏。

在宿舍，每一晚的睡眠都是一场攻坚战。

比如我，一个习惯早睡的东北人，12点如果寝室的灯没关，我就会神情紧张地咨询大家我能否把灯熄了。熄了灯，又放下床围，然后等待着上铺的肖斯鸣开始他的嘶鸣："奶妈拉红线！奶妈加血！"嘶鸣越来越响亮。我不得不探出一个脑壳到他的电脑桌旁告诉他控制点音量，最好在40分贝以下。

然后继续躺下来,等待对面上铺来自青海的杨子辰用四川话打电话。当他说到"脑壳乔得很"的时候音量有点高,于是我故意咳嗽了一下。当他说到"仙人板板"的时候明显超过40声贝了,于是我不得不又探出一个脑壳到他枕头旁边,提醒他小点声。

终于,我在杨子辰的絮语中进入了梦乡,陈然起夜上厕所也没能吵醒我,我却在凌晨被"啊"的一声惨叫惊醒。原来神经衰弱的梁晏又做噩梦了⋯⋯

这样的剧情,几乎每一天都在上演。

我发现自己可能在被宿舍的小团体孤立

陈然比我大4岁,带着浓重的河北口音,喜欢讲冷笑话。有一段时间他总跃跃欲试地要和我摔跤⋯⋯我觉得他在挑衅我,就决定和他约个架。我说明晚四点,B区下面,不见不散。

我约了十来个朋友在B区下面等他。看见他带了两个人过来,一个是梁晏,一个是杨子辰。虽然都是舍友,但他俩明显袒护陈然。架当然打不成了,本来也没想打。但我下定决心瓦解他们的小团体。

梁晏是个文艺青年，最好拉拢。我拉他一起创办了一个文学社，每天在一起厮混。虽然要忍受他神神道道地跟我讨论弗洛伊德。但还是刺探到了他和陈然、杨子辰走那么近的隐情。

原来，陈然在人际关系中比我高级的地方在于，我乐于和别人分享一切，除了内心。而陈然会向别人倾吐难言之隐。而人际关系就是这样，你向别人展示过弱点，才能和别人交心。

通过梁晏，我知道了他们每个人的压力与焦虑：

之前只知道陈然爱讲冷笑话，不知道他家庭状况比较差，父母身体又不好，曾辍学在家帮忙，所以年龄大我们很多。大概之前干农活的关系，他腰和腿受过伤，所以他每天锻炼身体。想来他那段时间总和我摔跤可能只是想测试一下锻炼的成果吧……

之前只知道杨子辰是被父母宠坏的，不知道他父母对他的期望很高。母亲是老师，只考上三本的他让父母很没面子。他大一上学期消失的几个月其实是回老家准备复读。之前只觉得时而自言自语的他很怪，不知道他内心住着一个缺乏自信和孤僻的小孩。

之前只知道梁晏缺乏主见，不知道他和哥哥的关系一直不好，这使他缺乏安全感。

毕业了，刘夏说要把所有人送走后再走

瓦解敌方阵营的计划失败了，因为瓦着瓦着我们竟结成了亲密无间的朋友。

曾在知乎看到过一个高赞的回答说："舍友就只是舍友，连朋友也算不上。"我不赞同，舍友是大学里最亲密的关系之一，同一屋檐下，朝夕相对，关系融洽的话，其实很像亲情。"同床异梦"的话，在这一封闭空间里，分分钟上演甄嬛传、宫心计。刺激是刺激，其实谁都不好过。

虽然陈然讲的冷笑话还是很令人无语，杨子辰煲电话粥时还是很扰民，梁晏的神经衰弱还是偶尔一惊一乍，而在寝室常常只穿内裤晃来晃去的我也一定很有碍观瞻吧。

大三下学期同学们都在议论考研，我曾指望每次考试都能给我们送助攻的陈然能再次带我们飞，只是他因年龄和家庭压力较大，选择工作。只剩我和杨子辰两个学渣，每天清晨跳寝室的大铁门出去上辅导班。没过多久，又不约而同放弃，跟着陈然他们投简历。

吃散伙饭那天，每个人都喝大了。陈然和杨子辰喝得都不会走直线了，依然磨磨唧唧地和我碰杯，说我们兄弟之间无论以前有什么误会都不要往心里去。听得我一大男人忍不住泪奔。

在深一脚浅一脚地返回寝室的路上，梁晏突然执意往女生寝室走。在一栋女生宿舍楼下，他声嘶力竭地喊："孙一芯，我爱你……"终于把女孩喊下来，女孩很好，陪他在操场聊天，梁晏酒醒了就乖乖地回来了。

离校那天，舍友们每道过一声珍重，床就空一张。我问大学4年都没有红过脸的兄弟刘夏买的哪天票。他说，比你们都晚，因为我要把你们一个一个亲自送走后再走。

刘夏说，丁鹏，你当时为什么把王思思让给我？王思思是我给他介绍的女朋友。我红着眼眶说："都是兄弟，你跟我说这些。"心里想的是她比我高10公分，我怕被举高高……

毕业四年：虽渐行渐远，不负此生遇见

毕业后，刘夏、陈然和肖嘶鸣都回到各自的家乡发展。我、梁晏和杨子辰则留在西安。

杨子辰和我都月薪2000，住在城中村。有一次扬子辰的父

亲来看他，见环堵萧然，给他添置了空调，但杨子辰为了省电，一次也没打开过。那时我因工作性质经常被派往外地项目部，但每次回到西安，梁晏和杨子辰都会一人拉我一件行李，请我去吃饭。

想想如果没有他们，我在西安可能连偶尔一起吃个饭的人都没有。后来我考研来到北京，杨子辰回了青海，梁晏也考回了山西的事业单位，我们先后都离开了西安。但他俩到北京出差，都一定会来见我。

去年，刘夏结婚，我因出差未能赶到。错过了舍友们的相聚。今年，我偶然登微博，看到肖斯鸣的一条私信。他说："丁鹏，毕业4年，我深感专业上的欠缺，以前光打游戏了，浪费了大把时间。今年，我考上了本部的研究生。"

我突然想到那年，我体测3000米没有通过，补考时，肖斯鸣虽然穿着皮鞋也一圈一圈陪着我跑，告诉我坚持，千万别放弃。

时间再往前一点，那时舍友们刚在北土城买了二手的自行车。在校门口一起吃了顿晚饭庆祝，然后，他们骑车轮流载我去大雁塔。

时间再往前一点，2009年9月，入学报道那天，当我拉着行李箱上楼，正碰见杨天宇被爸爸妈妈爷爷奶奶姥爷姥姥叔叔婶婶一家人浩浩荡荡簇拥着去买当时流行的诺基亚N97。

当我推开宿舍门，听见刘夏用山东口音对肖斯鸣说："阿鸣，自己洗衣服，别让你爸帮你洗了。"我环视了一下，陈然和梁晏坐在各自床上，而那唯一的空位，自然就是我的床了。

屏蔽了父母的朋友圈3年,才 发现每一条都与我有关

　　这是妈妈玩微信时的画风:左手扶着老花镜,右手滑动手机屏,时而紧蹙眉头,时而放下手机思索。然后我微信里就多了条《无籽葡萄竟然是避孕药打出来的,你还敢吃!》或者《这些鸡长了6个翅膀8条腿——你还敢吃吗?》……

　　那时爸爸还没学会发朋友圈,说你妈每天发十几条都是啥?等爸爸学会以后,发的比妈妈还多……妈妈每天将那些养生、鸡汤、谣言发完朋友圈后发家庭群,怕我看不到,还单独发给我。我不堪其扰,把她朋友圈屏蔽了,告诉她别再转给我,我没时间看。

　　屏蔽妈妈朋友圈后,她逐渐淡出我的视线。直到她学会发红包,时不时发给我,我领完后,有时和她聊几句,有时忙起

来连句话也没有。

前几天，随手点开她朋友圈，发现曾经霸屏的养生、鸡汤、谣言一条也不见了，仅剩下的20几条朋友圈，每一条都与我有关：我获奖学金的照片、对我的报道、我写的文章……

这些，我在屏蔽了妈妈朋友圈3年后才看见。

最开始妈妈爱给我发语音，而我工作和学习的环境不方便打开听，语音转文字又麻烦。就说你以后给我打字吧，语音我不方便听。其实她像很多父母一样，不会打字，手写输入又慢才用语音。但后来她跟我聊天都用文字。

其实父母的许多改变都与我有关，只是被我忽略了。

父母已经50岁了，无论他们多想为我付出都显得力不从心。小时候我像跟屁虫一样粘着她们，觉得爸爸全知全能，妈妈光芒万丈。长大后我拿到比他们更高的学位，去过比他们还多的地方，渐渐地不再需要他们的引导。

是的，我不再需要他们，不再需要骑在爸爸脖子上获得高度，不再需要他给我买炫酷的玩具，不再需要妈妈做糖醋排骨改善伙食，不再需要她带着我杀价买衣服。不再需要他们付给我学费、生活费，不再需要他们在我难过时给予安慰。

小时候下雨总有爸爸给我带雨伞，降温总有妈妈给我系围脖。如今他们唯一的孩子漂在北京，他们突然不知该如何参与我的生活。我抱怨父母对社会或养生新闻缺乏判断力，但这只是他们关心我的方式。

父母总以为学会微信就进入了孩子的朋友圈，孩子却早已设置了分组可见。

我从未在朋友圈里晒过父母，长期从事体力劳动的他们节衣缩食、形容憔悴。就像无论求学、工作，我都耻于在家庭情况调查表"父母的工作单位及职务"一栏写上"农民"两个字。

爸爸在同学面前蹲在地上，就像他劳动间歇蹲在地头，我也耻于让爸爸参加家长会。就像高中时，妈妈问我赞不赞成她在我学校食堂打工，我极力反对，担心她使我丢脸。

我穿着磨破的牛仔裤坐在教室里，极力掩饰自己的寒酸。

我常常羡慕原生家庭幸福的孩子，羡慕他们的家学渊源、羡慕他们的家境优渥，羡慕他们的家庭和顺。羡慕别人的父母有能力为孩子的未来提供职业规划、人脉资源与投资赞助。

而我的原生家庭似乎是我的原罪。当我听到"凤凰男"这个字眼时会脸颊滚烫；当我谈女朋友时坦陈我的家庭情况，总担心下一秒就会分手。

想到原生家庭，我总是抱怨得太多，感恩得太少。就像我的父母只有初中学历，但他们送我上私立中学，供我读到硕士，甚至攒着养老的积蓄说如果我读博他们也能够继续供我。就像我的父母节衣缩食，是为了在我每月例行公事地打完电话，他们有底气用"要用钱的时候和家里说"作结束语。我的父母务农，但是体力劳动并不可耻；他们离异，那是他们的自由和权利。

用今天的教育理念、物质水平，要求10年前、20年前的父母，并不公平。父母托举着我看到了更好的世界，我回过头来抱怨他们为什么没把我生在更好的世界里，这并不公平。

当一个人已经25岁，还把迷茫、失意归咎于家庭或社会这个大家庭，都不能说他已经成熟。总是那些不会独立思考的人诉说迷茫、不懂与人为善的人痛陈孤独、不愿发愤图强的人抱怨出身。

小时候，看到父母孝敬爷爷奶奶，就想象长大以后，我也要这样孝敬爸爸妈妈。等到自己真的长大，等到自己觉得心智上、能力上超越了父母，发现自己并不比父母当年做得更好。

我从来不会打开爸爸的朋友圈，不关心家里的西红柿什么时候喷花，辣椒什么时候采摘，菜价有没有下滑……这些我如今觉得土气的东西，曾养育我长大，并依然是父母唯一的生计。

我突然感到羞愧，为自己的自私，为自己的虚荣，为自己从未真正关心过父母，而他们是世界上最爱我的人，他们的朋友圈每一条都与我有关。

看着妈妈从青春到老去是种怎样的体验？

听姥姥说，妈妈嫁给爸爸以前绰号是"小胖妹"。后来这么瘦是因为跟着我爸吃苦吃的。

我说才不是，她的绰号应该叫"爱哭鬼"。泪点低，哭唧唧，没一点成年人应有的稳重。

小时候，我夜里闹腾不睡，她从软硬兼施到无计可施。我突然看到墙上因漏雨形成的水渍，就跟她说你看那墙上像不像一个老爷爷和一个老奶奶？刚说完，她哇的一声被吓得大哭，哄都哄不好……现在还跟别人说我小时能看到灵异的东西。没想到我一个自以为很有想象力的比喻，却深刻地冲击了我妈的世界观……

后来我长大些，能帮忙干农活了。我家西边有片葱地，夏天碧绿的葱叶上会落许多红蜻蜓，又土又好看。我妈某天拉我去葱地拔草，拔着拔着，我说妈你身上怎么有只毛毛虫啊……
她被吓得一激灵，待把毛毛虫抖下去。我说妈你袖子上怎么有
半只毛毛虫啊，等等，那只袖子也有。于是我妈上蹿下跳，边
抖边哭，那是我对"抖音"这个词最初的理解。当然，"拔草"
这个词在我妈心里绝对种下了阴影。

记忆里，从年关到春季蔬菜成熟，是我家青黄不接的时候。
从种子、农药、化肥、煤炭、人工，每两三年就要替换的大棚
的松木杆、塑料布、草帘子，都需要钱。爸爸脸皮薄，急需钱
的时候就得妈妈去邻居家借钱。待从家庭的不睦讲到农事的艰
辛，慢慢切入正题，妈妈就要哭。童年的我在一旁玩，偶然瞥
见她和邻居签下借条，上面写着利息。

之前我妈每次哭我都想笑，那一次心有点疼。

小学时我玻璃球弹得特好，作为战利品，我有各种各样的
玻璃球，大号的、中号的、小号的，花心的、陶瓷的、水晶的，
装满了好几个装泡泡糖的塑料盒，堪称"大榆树小学玻璃球收
割机"。后来我决定"戒球"，就把邻居家小朋友叫过来，很有
仪式感地把我全部家当传给了他。

　　我和我妈说我把玻璃球都送人了。她问为什么。我想提升我这一行为的道德高度，就没说想"戒球"，我说因为我们家总向他们家借钱，我要和他家小孩搞好关系。我妈就以无比严肃的表情和我说："借钱是我们大人之间的事，和你们小孩没有关系。"

　　那一刻我觉得我妈成熟了。她懂得保护孩子的自尊心。

　　但紧接着发生的事，又让我觉得我妈不够成熟，顶多算半生不熟吧。

　　有阵子我妈特迷信萨满，就是看老太太跳大神。所以我牙疼的时候她也骑着自行车把我带到隔壁村子的一个"半仙儿"家。只见那个"半仙儿"喝了一口二锅头以后就摇头晃脑地"大仙儿"附体了。她自报家门，说自己是啥啥仙，然后又喝一口酒，不由分说把我的腮帮子掰过来就喷。狂喷了几口以后她说治好了。然后教我妈以后我牙疼就念什么咒，然后对着我腮帮子喷酒。

　　我已经忘了后来我牙疼时我妈依样喷了我几次，只记得她喷得的确没"半仙儿"均匀……

　　多年以后，我爸雇人拔草，我一看这不是"半仙儿"吗？好在她对我的腮帮子已经毫无印象，我也忘了陈年二锅头的味道。我们相逢一笑，抿了抿口水。

说到我妈的不靠谱，还数她和我爸分居后一走了之。

那时我即将上初中，处在一个觉得自己特独立，特成熟，特别能扛事的年龄。她隔几个月会给我打一次电话，问我想不想她。我说一点不想，你忙你的，不用担心我。那时我同时暗恋3个女孩，我们班的学霸、隔壁班的体委和一班的长得像《金粉世家》里冷清秋的小妹子，每天为到底该追哪个发愁，的确没心思想我妈。

上初中我寄宿，两周回一次家，生活费常常在回家那天就花得一分不剩。没钱坐公交，就只能打车到家，然后进门管家长要钱。那是个夏天，雨季刚刚放晴，放学的我准备去找姥爷捞鱼，就打车到姥姥家。进门看到我小姨和我妈同时坐在那，我那时很久没见过我妈，觉得不好意思开口，就管我小姨要打车钱。

小姨说那天我妈觉得很尴尬、很内疚，也很放心，大概看到我和小姨要钱那么硬气，觉得我应该被照顾得挺好。小姨说我妈那段时间租了一个路边摊卖水果，她芒果过敏，没卖几个月胳膊上就都是疹子。

再看见她是高中时，一天小姨来接我，说我妈在医院，让我去看看。她刚做完子宫切除术。那时她已显得比同龄人更老、也更憔悴。痊愈以后她想见我班主任，问我她穿什么衣服好看，但她并没什么值钱的衣服，我说随便穿就行了。

上大一时她邀请我去她住的地方过寒假。她住在城中村，没独立卫浴，更别提暖气，自来水碱性很大，而且冬天会冻住，只能从一站远的地方扛桶装水回来。状况和我爸描述的"吃香喝辣"有所不同。她白天骑着电动车去租的摊位卖内衣袜子手套。有一次骑车摔得不轻，后来就不骑电动车了。

之前我妈也一直卖内衣袜子，我也一直穿她给我的。直到有一次，出身富裕家庭的女友说，你能不能不穿你妈给你的内裤了，显得很没有品位。我突然想到我妈和我说过她的生意不好做，因为她不会挑好卖的款式。哎！我妈真笨。

再次和她一起过年是我刚刚考完研。她一个人拉一车干果在路边卖。我帮她推车的时候她怏怏不平地说已经被城管没收了一车货，后来在路边租了一个一平方米那么大的地方，才终于有地儿可以摆摊了。进出大门她都和门卫打招呼，她说偶尔也会给一点干果，为出入大门时门卫能帮她开门，对门卫而言举手之劳，对于她却能节省不少力气。

她的皮肤晒得黝黑，摊开的手掌伤痕累累。割了很不自然的双眼皮，让她显得泼辣了几分。她和周围摆摊的人吹嘘我爸也在这个城市，此外她还有很多亲戚朋友，显得特有势力。她叮嘱我不要说漏嘴。害怕当别人知道她孤身一人会欺负她。这是她在人前的"强硬"形象。

背地里她体弱多病，每天吃大把药。她和小姨说如果有一天她忍受不了了就自杀，不想拖累我。但她不得不忍受着膝关节炎爬上爬下搬运货物，大过年也坚持出来摆摊。不过是想给她的儿子多攒些学费。

我想起我妈年轻时那么胆小，怕鬼、怕毛毛虫；那么好骗，被"半仙儿"忽悠走好多钱；那么软弱，受了委屈就只会哭唧唧；那么绝望，甚至想把自己卖了换10万元，异想天开问我要不要把她卖了，那样我就有钱了。我说我一定穷疯了才会想把自己妈卖了。

其实小孩子对贫穷并没有什么概念，吃得好还是坏，穿得体面还是寒酸，我并没有意识。看我妈把酱油里腌的葱叶捞出来，吃得津津有味，我就跟着一起吃，特别下饭；她跟我说某双别人穿过的鞋是名牌，我就高高兴兴地穿去学校，也甭管合不合脚。

我童年的财富是父母的孝顺，对比我们家更穷的穷人的慷慨，对知识的尊重，对孩子价值观的塑造。小学三年级的我有一次被高年级的学长欺负，我妈看我校服上满身泥点，就一定要拉着我去找对方家长。我说这是男人之间的战争，你一女人家掺和什么呀？她一定要让欺负人的熊孩子知道自己错了，让我知道即使是战争，也是不对称战争，所以我被欺负并不羞耻。

曾偶然看过产后抑郁的帖子，使我理解了一点为人母的不易。想想我出生时她也是第一次做妈妈，在为人母和为人子这件事上我们有着相同的起点。不只是她看着我成长，我也看着她成熟。我看着她从依赖到独立，从软弱到坚强，也看着她从清秀到粗俗，从青春到老去……看着她历尽离异、漂泊、丧母和多病……岁月不曾饶过她。

走在奔三路上，当我开始考虑是否结婚，是否要小孩的时候，就会想到我妈为养育我，付出了多少爱和忍耐，承受过多少罪和冷眼。我至今无以为报。感谢你带我游历人间，给我看贫瘠生长出烂漫，给我尝苦涩过后有回甘，平凡的世界里处处是奇迹。

谁不是一边"丧"，一边热泪盈眶

2017年关将至，你刚刚参加完公司的考核大会，在会上做了年度总结，在年度总结里你拥有勤勤恳恳、蓬蓬勃勃的一年。想起这一年的努力，你感动得不能自已。

会后领导把你叫到办公室，说终于有机会跟你坐下谈一谈，领导觉得你办事不够认真、提醒你要以事业为重。你拼命地点头说我以后一定会改的，一定会改的……

圣诞前两天，你满心期待，约某人一起过节。消息发送后，隔了很久，对方回复说抱歉。你说好呀好呀，以后有的是机会一起玩耍。

平安夜，你决定一个人出去走走。从太古里走到工体，一路豪华的跑车，一路美艳的面孔。突然有一个黄牛问你要不要羽泉20周年演唱会的门票。

现场的座位并没有坐满，气氛也一直无法点燃。只是唱到《最美》时，你发现身边的女孩在掩面哭泣。你发现不只有你是一个人来的，不只有你感觉到悲戚。

你在睡前，想发一条朋友圈，假装生活美丽而丰盈，却不知不觉翻起这一年发过的朋友圈。

你去过很多个地方，却好像从未走出过眼前的迷宫。有一些人先后离开了你，而你几乎已将他们忘记。

你翻到年初立的目标：早睡早起、再也不剁手、瘦到100斤、法语达到B1……

该如何收场呢？

你想好了段子，来自嘲年初所立下的小目标。而下面的评论，将是一连串的哈哈哈……

你好像学会了幽默的艺术，学会了对得不到的东西说不在乎，学会了放过自己。

你很喜欢"辞旧迎新"这个词，告别旧的一年，迎接新的一年。

新年之"新"，意味着满血复活，继续奋力向前。

你仍然可以在2018年开始之时筹划一年之计。你决心这次要行动得更快一点，坚持得更久一点。你决心挂到朋友圈的目标，一定不能倒，不能打脸，不能让别人笑话。

"梦想还是要有的，万一实现了呢。"想到这句话，你感觉很燃。

你转念想到第一次没完成目标时，你脸颊滚烫，一度把朋友圈设置成仅3天可见。

之后，目标立了又倒，不同的是，你的脸颊没再红了。

你在朋友圈里透支梦想。好像事先张扬，梦想就免不了要实现一样。而下面的留言、点赞，给予你一种幻觉，好像梦想真的实现了一样，好像提前品尝到了成功的滋味。

你想起前几天看到的佛系"90后"姑娘从朋友圈消失4年，随后发出的照片惊艳了所有人的故事。

故事的主人公用4年坚持健身、学习化妆穿搭，使自己从一个心宽体胖、可有可无，被异地恋男友劈腿的小透明，逆袭成婀娜多姿、光鲜靓丽，在网络上走红的时尚大咖。

你戏谑留言:"确定惊艳所有人的不是美颜相机?"迅速收到N多个赞。

但你的身边从不乏这样的姑娘。中学时似乎只知道学习,身材像一只萌萌的小熊。高考顺利考入了双一流。上大学以后,她除了认真学习,还将自律分一部分用在减脂、塑形上,用在护肤、穿搭上,大三时已完美蜕变为别人眼中的女神。

最后以优异的成绩毕业,拿到人人羡慕的offer。用不了两年,她的朋友圈里就会出现一个内涵与风度俱佳的男子,他们的甜蜜令你感到被暴击。

你想到自己,手机下的keep,练了不到10次;买的两本运动书籍,读了不到10页;收藏的N份健身食谱,一次也没有尝试过……

年初时,你立志成为穿什么都好看的衣架子;年终,你宽慰自己,保持那样的身材太累,何必那么为难自己……

你打开电脑,继续刷《小美好》,突然意识到影视剧里身材走样的角色,通常被定义为失败者。扎心了……

你羡慕优秀的人一直都知道自己想要什么,并且能拿出自律到变态的毅力来贯彻到底。

而一个人一旦品尝过成功的滋味，就再也不甘平庸的生活。就像你身上被唤醒的肌肉。

是的，你身上有被唤醒过的肌肉。你曾经参加过两百万人的考研，从分母逆袭成了分子。

最初确定考研目标时，你自己都觉得你疯了。你确定了一个远远超乎你能力，却是你最想去、唯一想去的大学。

为了找到直系的前辈，你通过微博、考研论坛、QQ群、人人网……一切你能想到的方式，终于联系上的那一刻，你觉得自己不做侦查工作太亏了。

你搜集到最适合你的复习方法，发现学习竟可以如此高效；搜集到每看一遍都热泪盈眶、打满鸡血的励志故事。

你严格执行作息时间表，早上起来甚至包子铺还没开门，晚上回去，路灯都已经熄了。

你已经很久不再剁手，你甚至觉得洗头、取快递都浪费时间，更别提逛街和聚会了。

你在数学的题海里破浪前行，在ABCD的选项中揣度出题人的意图，将专业课刷了一遍又一遍，你一刀下去"风中劲草"

被收割了一大片……

但从一开始,考不上的焦虑就折磨着你,招生政策的调整,刷新纪录的考研人数,甚至对竞争对手的虚无缥缈的想象,都牵动你的神经。

当一路走来的研友穿上正装,放弃考研时;当你背"肖四"背到一点也背不进去时;当你第一科发挥得并不理想时,你咬牙坚持到了最后。

你有一万次想过不考了,却一刻也没有懈怠。

走出考场的那一刻,你终于对自己的一年有了一个交代。无论结果怎样,过程没有遗憾。你终于可以好好地洗个头了,终于可以坐在电影院里,一边吃着爆米花,一边哭得稀里哗啦。

你发现你的芳华就是大大小小的考试,也许这将是最后一场,就像那些在吃散伙饭时醉得横七竖八的同学。因为是最后一场,所以要酣畅淋漓,不醉不休,热泪盈眶,泪落如雨。

很多人说"丧"是2017年度词汇。从前是惧怕水逆,现在是整年都打不起精神。

人当然会有很丧的日子，当青春的激情退却，渴望长大而终于成人的你过得"人不如狗"。

就像街边火爆一时的共享单车凌乱地挤满了人行道，零件破损、尘埃堆积。

但，你的灵魂，被光荣与梦想洗礼过的灵魂。终将指引你追求卓越的步履。

这就是为什么人一生至少要有一次努力，感动过自己。这是你生命的底色。

因为对抗源于身体的丧，唯一的方式是更加自律地健身；对抗源于工作的丧，唯一的方式是更加努力地工作；对抗源于生活的丧，唯一的方式是更加用心地生活。

丧的状态，就像乌云盖顶，你必须学会奔跑。学会更有效地调节情绪，学会更有力地战胜拖延。否则，雨点会砸下来，会大雨滂沱。

为自己的努力打卡当然很有意义。它意味着，永远在路上，永远满怀希望。

只是2018年你要把目标立在心里，只是这一次，你要以必要的聚精会神固守本心，必要的心静如水深不可测，必要的低调的努力，成就华丽的蜕变。

你将枕戈待旦，挥舞重拳，日日夜夜，时时刻刻，直至最后一拳，击碎阻碍你、限制你、压抑你、蒙蔽你的人生的天花板！

所谓岁月静好，不过是敢向命运叫板

即使这样，即使孤身一人，即使一贫如洗，即使身患重疾，
只要依旧不懈努力，未来就仍然可期。

所谓岁月静好，不过是敢向命运叫板

初次见小昔是在一间休息室，我正在为接下来的考研复试心怀忐忑，却听到坐在前面的她谈笑风生。那时我并不知道她的名字，只是猜测她初试分数一定很高，才能如此笃定和自信。轮到她复试，她母亲从外面走进来，背起她，我才知道她不能正常走路。

后来，拟录取名单公布，小昔以初复试总成绩第一考入北大中文系。

研究生的第一堂课，我再次见到小昔，电动轮椅上的她移动得比我们更轻快。令我想起蒂姆·波顿导演的电影《大鱼》中那只谁也捉不住的自由神奇的大鱼。你很容易被小昔感染，她又聪慧又快乐。那么灵动，那么有活力，有那么多朋友，永远兴高采烈，对命运毫无惧色。

　　小昔从什么时候开始不能走路呢？她出生第3天被发现双腿股骨中段对称性骨折。医生按意外骨折对小昔进行治疗，此后小昔却开始经常不明原因地骨折。直至两岁，她被父母带去北京检查，才确诊患上发病率仅为万分之一到一万五千分之一的成骨不全症，又称"瓷娃娃"。

　　当骨折对小昔而言已司空见惯，当骨折后的她需要特殊的铆钉植入骨折部位，当小昔在谈到最大的梦想时，她笑着说："只想我的骨头不再痛就好了。"我想象不出她欢笑背后承受了怎样的痛苦与折磨。我只能承认命运并不是公平的，有的人生下来就注定人生之旅如逆水行舟。

　　据统计"瓷娃娃"病患者义务教育阶段失学率达30%以上，学校的不理解是主要原因之一。不知道小昔的父母争取了多久，做过多少保证才为她争取到来之不易的入学机会。小昔从未辜负父母的苦心，她考上了湖北省最好的高中之一，高中期间还获得市青少年科技节二等奖。她高考考上一本，考研又考入北大中文系。

　　求职季，小昔请假去远在南方的网易游戏实习。她说，如果错过这次机会，可能一辈子也找不到这么适合她的工作了。

她的话打动了老师，她也最终被网易游戏录用，做了她喜欢的游戏策划。对小昔而言，人生是一路荆棘，但她一路披荆斩棘，活得比任何人都艰辛，比任何人都出彩。

小昔曾写过一篇小说《鱼》，描述某种精神状态下庄周梦蝶般的孤独。我知道，永远笑着的小昔一定能消解这种孤独，她会像庄周一样逍遥游。很长一段时间，小昔在我心里的形象都是王者荣耀游戏里面乘着鲲的庄周。或许她所有的朋友都有我这种想法，正如另一名同学在毕业以后发的一条朋友圈："梦见小昔养了一只海豚，每天骑着海豚漂洋过海去上学。"

写到命运，我想起我父亲。我不知道父亲是否有梦想，但他努力做一个好人。他曾年轻有为，获得过省政府、省军区、省团委、省科委等颁发的各项奖励，而且有好的名声，人人知道他正直、谦和、热心、慷慨。父亲的好运在我小学四年级的某个冬夜用完了。

睡梦中的父亲突然大声惊叫，母亲打开灯，看见他睁圆眼睛，口吐白沫，全身抽搐。父亲被送去省城医院，确诊为癫痫。几个月后出院的他不复以前的样子，变得嗜睡、记忆力下降、精神恍惚，性格也变得悲观。不得不停药。

那时父母总是为琐事争吵，时而冷战。在我小学六年级的时候，父母婚姻走到尽头。他的病渐渐地不像以前一样频繁地发作，发作时却更危险。以前总是在睡眠时，后来演变成吃着饭突然发作，或干着农活突然倒地。有一次，邻居见他犯病时脸埋进刚筛出来的细土里，差点窒息而死。还有一次，他倒在冬天温室大棚取暖用的滚烫的火炉旁。这些都令我心惊。

我担心父亲突然死去，这种恐惧从父亲患病一直持续到我大学毕业。我想象父亲去世后我如何做农民。夏天顶着30多度的高温给茄子喷花，或冬夜迎着寒风为蔬菜大棚盖草帘子。当一切就绪，拖着疲倦的身躯走向简陋的瓦房，无人等候。因此每当父亲深夜出门，我总是为他点亮房檐灯，照亮他回家的路。

父亲患病后，他种的蔬菜总得病，产量低，菜贩子收父亲菜总是将价压到最低，父亲越来越穷，越来越没信心。为供我上学，他又租了一个蔬菜大棚，没时间好好做顿饭，每天只吃低价饼干和方便面。他甚至办了残疾人证，申请了低保。那时我只考上三本，未来就业似乎都成问题，生活好像全无希望。

有一次，我寒假回家，夜里父亲向我说了许多知心话，因他从未如此所以我竟觉得滑稽。随意敷衍几句。之后听见他面向墙壁偷偷啜泣。也许是他觉得太难了，只是我无法感同身受。

我本科毕业后，父亲终于舍得花两万块钱，在小诊所做了一段时间电击治疗。不知是否电击治疗的缘故，父亲的病奇迹般好了，我也出人意料考上北大。父亲肩上的担子一下子减轻了不少，似乎艰难的日子暂告一段落，生活重新有了希望。

前段时间祖母电话里嘱咐我不要再给父亲买花了。他将花养满了屋子、院子，蔬菜大棚也渐渐被花霸占。我笑着答应，想祖母可能担心父亲变成《聊斋志异》里养花成痴的花农。我想的却是父亲的生活里终于有了芬芳与绚烂。

1954年，美国俄勒冈州，16岁的穷小子雷蒙德·卡佛因看了一则海明威的新闻，异想天开要成为海明威第二。他的父亲是小镇锯木厂的锉锯工，母亲在罐头厂包装苹果，全家住附近一带最简陋的房子。梦想成为作家的他央求父亲为他报名了写作学院的函授课程。

高中毕业的卡佛虽然想继续读书，但父亲因工负伤，还患上神经衰弱。为养家，他不得不与父亲一起在那家锯木厂工作。

后来又在一家药店当送货工。即便工作卑微，他也没有放弃学习，在县专修学院选修中世纪欧洲史和哲学导论。

他娶了在快餐店打工的玛丽安，两个人住在逼仄的地下室里。他们为食物和房租整日奔波，却仍然保有很大的野心，总在谈论要做的事情和要去的地方。

20岁时卡佛收到奇科州立学院文学与写作专业的录取通知书。第二年，他怀揣借来的125美元入学了。他像今天的贫困生一样贷了250美元的助学贷款，还在学校图书馆找到一份兼职。此时，他已是两个孩子的父亲，投稿四处碰壁，一家的生活倚靠玛丽安到处打工来支撑。但只要一个人不向命运讨饶，就不能说他潦倒。

正如卡佛后来写道："我们认为我们什么都能做到，虽然那时我们穷困，不过，我们觉得，只要我们坚持不懈，只要我们做正确的事情，理想的结果就会出现。"

拿到学士学位后，他幸运地被爱荷华大学创意写作专业研究生录取。虽然因经济拮据，他还没拿到学位就退学了；虽然他和妻子换了一个个糟糕的工作，负债累累，以至于破产，颠沛流离。但他依然怀有梦想：成为海明威第二！

　　他白天在百货商店送货，利用晚上有限的时间写作。因此他必须放弃长篇的野心，集中全部精力写可以较迅速完成的短篇小说和诗歌。

　　卡佛38岁时处女作《请你安静些，好吗？》出版，第二年被题名国家图书奖。随着他的作品一本本出版，接踵而至的是无数荣誉，比如高达16万美元的古根海姆奖金、每年3万5000美元的美国文学艺术学院颁发的施特劳斯津贴……他回到了曾经就读的爱荷华大学任教。

　　那个曾生活在底层的作家最终逆转命运，被誉为"继海明威之后美国最具影响力的短篇小说作家"。他一边养家糊口一边写出来的作品被誉为简约主义典范。后世作家如村上春树、王朔、苏童等对他推崇备至。

　　斩获2015年奥斯卡最佳影片、最佳导演、最佳摄影、最佳原创剧本4项大奖的《鸟人》就是向卡佛全面致敬的片子，男主角最大的梦想就是将改编的卡佛小说《当我们谈论爱情时我们在谈论什么》搬上百老汇的舞台。

　　从前当我遭遇困厄时，母亲总劝我安于命运。她说一个人如果命好，就会生在富裕人家，而不是像我们一样生在偏远农村，有个小灾小难就能迅速令我们滑入社会底层的地域。

但又有谁能甘心安于命运呢？就像卡佛临终前的最后一首诗："这一生你得到了／你想要的吗，即使这样？我得到了。"即使这样，即使孤身一人，即使一贫如洗，即使身患重疾，只要依旧不懈努力，未来就仍然可期。

历史从来不是安于命运者创造的，而是能够扼住命运咽喉者创造的。他们认为个人发展的天花板存在的唯一意义就是突破它。而阶级壁垒，不存在的，"王侯将相宁有种乎！"就是这句话，使曾经被雇佣耕田的长工陈胜，跻身司马迁专门记录王侯将相的传记《史记》"三十世家"。

时间再往前一点，春秋末年。看门人问子路从哪里来，子路说从孔子那儿来。看门人问，是那个知其不可而为之的人吗？"知其不可而为之"，是圣人孔子为中华民族所树立的脊梁。

就像80多年前，当九一八事变给国人心中投下失败的阴影，鲁迅在病中发表文章，说中国人脊梁还在，他们会前赴后继地战斗，即使被摧残、被抹杀，也掩不住他们的光耀。

进入新世纪，生活也并不容易。有时我们必须像头抹香鲸，在重压之下深潜水底。必须扛住压力，能扛住，你就能收获你想要的东西，能保卫你在乎的人；能扛住，你就会知道，命运并非慈眉善目的神佛，也不是正襟危坐的判官，而是凶猛狂暴的野兽。在你驯服它以前，你们不可能和睦相处；能扛住，你就能读懂里尔克的："哪有什么胜利可言，挺住就意味着一切。"

所谓岁月静好，不过是敢向命运叫板！

最好的教育是自我救赎

2009年，我高考报志愿，义无反顾地报了西安。原因是我家在西安有一房远亲。我报了好找工作的会计专业，然后期待着4年以后，我那个做老总的亲戚会把我安排进他的公司。

节假日去串门，我努力从他身上学习新的东西。那时我总能感觉到受益匪浅，起码我知道做老板的人是什么心理，作为员工我如何与老板相处。于是我不自觉地把他代入我未来老板的角色，不自觉得小心讨好。于是一段亲戚间的串门变了味，变得没有亲情，只有功利。

我以为入职亲戚的公司是板上钉钉的事，于是没心没肺地逃课，也不积极找实习，每天混在社团里找存在感，每天写东西投稿幻想一炮而红。于是终于到了要找工作的时候，我心怀忐忑地去了亲戚家，谈及找工作，他意外地告诉我："像你这样农村来的小孩，千万不要有等、靠、要的想法。因为你没有这样的条件。无论你想得到什么，都要靠自己努力争取。"

那是我从他口中听到的最后一条经验。一句鸡汤并没有一份工作实惠，但人生就是如此难测：你在人生重要的转折点，遇见了一个人，听到了一句话，改变了你的一生。

亲戚的公司是做新材料的，试想我当时果真被他招了去，也不会有太大发展，因为我全部兴趣都在文学与创作上。而且总有种寄人篱下、束手束脚的感觉。我返回学校，积极参加招聘，签了一家国企下面的三级子公司。但对于三本毕业的我来说已经算体面的工作，甚至我还上了就业光荣榜，在食堂门口的宣传栏里。

我把消息告诉亲戚一家，他们觉得很高兴。我心里突然觉得轻松，因为小心翼翼了4年，终于不再有求于人。我突然明白凡是要靠自己的本事，过于依赖关系，即使事办成了，也有一点名不副实的意思，快乐也不那么痛快。比人际关系更重要的，是真才实学，是竭尽全力。要想真正出人头地，就决不能偷工减料、投机取巧，打肿脸充胖子。

　　工作有3个月试用期，我干活很主动，因为实习生里有我喜欢的妹子。我幻想自己会和她一起在这家企业长久地干下去。但是这家企业很特殊，特殊在于员工流动性很大。比如财务，一年就要招15个，因为一年以后，15个里面可能只有一个两个留下来，其他都会走。

　　因为工作不稳定，在一个项目上待的时间正常也就一年，一年以后天南海北不知道要去哪儿。而且待遇在同行业里也相对较低。

　　那时我被那个妹子迷得神魂颠倒，决心娶她。我计划在她家楼下买房，方便她回娘家。看了一下房价6800元1平方米，又算了一下自己的工资月薪2000元。谈恋爱的花费都不够，更别提买房了。我决心提升自己，短短半年，我尝试了考初级、考注会、考公务员，都没有成功。

　　那时我住在月租120元的城中村，条件极差。得了带状疱疹，扛不住了才去医院。我意识到自己的落魄，渐渐退出争风吃醋的行列，准备好好规划自己的未来。

　　那时我23岁，像23岁的菲茨杰拉德一样落魄，他追求泽尔达，被泽尔达的父亲拒之门外，因为"穷小子休想攀上富家女"，想出版长篇小说，又屡屡碰壁。他绝望得想要自杀。当他熬过了这一年，他的小说《人间天堂》一炮而红，泽尔达的父亲也终于接受了他。

那时我23岁，决定要考研。为省钱买资料，早晚只吃馒头咸菜，中午吃一碗8块钱的红烧鸡块面补充营养；冬天卧室没有暖气，电褥子也舍不得一直开，但寒冷有助于保持清醒；每天5点20准时起床，时间管理精细到分钟，自律到极致。这些都没有什么，因为熬过这一年，我会考上北大，重新将命运掌握在自己手中。

人就是这样，不历经绝望，你就不会知道自己求生欲有多强。不竭尽全力，就不会知道自己有多大潜力。不能拼搏到感动自己，又怎能酷到完美逆袭？你要有一往直前的士气，也要有舍我其谁的底气。你要知道救赎自己，然后整个宇宙的力量都会帮你。

所谓拖延，就是在作死的边缘试探

2007 年，我读到一本书，《被窝是青春的坟墓》。那时我刚上高二，并不理解这句话。对一个高中生，尤其是住宿生而言，赖床是不可能的。学校规定6点出早操。我曾经因为早操迟到，连累全班同学冬天在操场跑圈。深感愧疚的我给同学们挨个道歉，从此再也没敢赖床……

大一上学期我尚能保持规律的作息，那时我志向远大，准备大干一场。我报了考会计从业资格证和计算机二级的辅导班，参加了文学社，利用假期找了实习。尽可能地充实自己，这些努力未来都会呈现在简历上，成为我就业的筹码。我这样盘算着，直至我听说另外一句话："最后期限是第一生产力。"

很多人喜欢将目标立在最后期限上。让我想起电影《猜火车》中，雷登戒毒时总是说："我只吸最后一次。"然而每一次都不是最后一次。其实拖延也是一种瘾。比如说赖床，你总是想再睡5分钟，而总是闹铃响了一个小时，你才自然醒。比如说临近考试，你总想明天再复习，晚一天没关系，考试临时抱抱佛脚就能过。等到挂科以后才知道着急。

你总想将手头的工作尽量向后拖，你总觉得自己可以在最后关头搞定，结果或者赶出来的工水准不尽人意，或者最后期限已达却没有做完。因为人生总是难测，很可能临时有别的事你不得不做。古代有一句格言："居处必先精勤，乃能闲暇；凡事务求停妥，然后逍遥。"这句话针对的就是拖延。

此前网上曾盛传一张首富王健林的行程表：4点起床，飞6000千米，跨越2个国家3个城市，签约500亿合同。忙完这些已是晚上7点10分，他仍没有回家，而是回到了办公室。当然，我们大多数人都没有500亿的合同等着签。但也正因如此，时间是唯一能让我们赢得未来的资本，更浪费不起。

拖延问题归根结底是一个时间管理问题。时间对任何人而言都是最宝贵的资源，因为生命只有一次，逝者如斯。而拖延是在稀释生命的密度，也是在降低生命的纯度。你不断地将事情推给明天的自己，但明天的你并不比今天强大，所以你不断地放低标准。最初希望做到最好，到了最后期限变成希望能够做完。长此以往，你迷失了，好像什么事都做不好，你的生活变得很丧。因为没有自控力的人生是失控的。

看过一部励志短片，《当你对成功的渴望像对呼吸一样强烈时，你就能成功》。其中有一段特别打动我的话："你们不是真正想成功，只是有点想，对成功的渴望没有对派对的渴望强，对成功的渴望也没有对变酷的渴望强，很多人对成功的渴望甚至还没有对睡觉的渴望强。而有些人绝不贪睡，因为他们不想错过让他们梦想成真的机会。"

我还看过一部短片，叫《我就不：一部理智的恐怖电影》。片中当女孩约男孩去废弃的精神病院玩占卜板时，男孩果断拒绝；当朋友拿来诅咒录影带，号称谁看谁死时，他的哥们迅速将其毁掉；当某片海域出现嗜血狂魔时，市长理智地选择相信，在水域边上竖起了警示牌子。如果主角们选择不在作死的边缘试探，恐怖片可能一分钟都拍不下去。

其实，所谓拖延，就是在作死的边缘试探。定了5个闹钟还叫不醒你？不，听到闹钟就马上起床，因为你拥有自控力。论文还有一周到最后期限，你还准备把它拖到最后两天去写？

不，现在就去写，因为你不寄希望于慌忙的状态下还能写出高质量的文章。你手头的工作还等攒到一块处理？不，你决定及时处理。及时处理，而不是拖到最后，代表你的能力。你要想方设法提升自己的核心竞争力，而不是绞尽脑汁地偷懒。你要学会对自己的拖延说不，因为你对成功的渴望像对呼吸一样强烈！

你要成就卓越的人生，就要先拥有高效的生活：有计划、能专注、能坚持、不拖延。因为活在当下，并不意味着把"活"拖到明日。先扫一屋，然后扫天下；先修己身，然后平天下。

我们这些北漂的人，不该平淡过一生

　　24岁以前，我从未来过北京。只听太奶奶讲过太爷爷考上中国地质学院（现中国地质大学）后，带她游览北京的见闻。那时我6岁，带着100块压岁钱要去天安门。我妈听说我要"携款潜逃"，及时把压岁钱没收了。我就这样错过了开往北京的绿皮火车。

　　来北京是因为我被北大录取为研究生。供孩子到北京读书对于一个农村家庭不是轻松的事，好在北大奖助学金比较丰富，使我在经济上没有想象的那样狼狈。但我仍然感到自卑和失落。不仅因为大家用的是清一色苹果手机和电脑，我用的是便宜的机型；不仅因为大家节假日都在国外旅行，我在兼职赚钱；不仅因为大家本科不是本校也是985、211，只有我是从三本考来的；不仅因为大家自信而健谈，我谨慎而寡言。那时我总是很谨慎，唯恐大家不喜欢自己。

　　只有诗歌能令我找回一点自信，那是我唯一的爱好。我加入了文学社，在一次评诗会上，我提交了几首自己写的诗，由一位学姐点评。她笑着说："怎么说呢，我觉得你写的不是诗，是歌词。"虽然另一位学长扮白脸，说了几句褒扬的话。但我仅存的那一点自信还是溃不成军，此后再没参加过社团。

　　还有一次选修美国人康士林教授的《圣经》研究课，全英文授课，我想借此锻炼自己的听说能力。公开场合说英语令我紧张，说得磕磕绊绊。而同样是那位学姐，可以用流利自如的英语和教授探讨学术问题。如果说此前创作上的批评还可以理解为见仁见智，这次就完全是能力上的碾压。我无比沮丧，默默退了这门课。后来才知道学姐所在的高中是全国首批7所外国语学校之一，通过"中学校长实名推荐制"保送北大。而同时期的我在干什么？在虚度时光。

　　研究生快毕业时，很多人拿到了国外名校的录取通知。此前，我去位于学校不远的教育培训机构咨询过托福班的费用，高得令人咋舌。也向在欧美留学的师兄师姐们咨询过留学的花费，也不是我能承受得起的。就暂时收起这份野心，投简历找工作。此前我从未想过留在北京，我知道靠我自己再怎么折腾也很难在北京买套房，所以来读书的时候户口都没有迁过来。

但当我考上《诗刊》社的编辑，我就变得犹豫起来。我知道像我这样先天条件比较糟糕的人，大概很难像达·芬奇一样成为全才，只能认准一件事，努力把它做到极致，才有可能成功。而这件事，我希望是诗歌。你看，像我这样的笨蛋也渴望成功，因为没有人甘心平平淡淡过一生。7月19日，我来到位于北土城的中国作家协会报到，正式开始了北漂的生活。

此前我已见识过北京早晚高峰时地铁换乘站的拥挤，直到有一次去沙河，才发现早高峰时站外排队可以排得这么壮观。受到惊吓的我租房选择了距离单位较近的地方。一来不想把时间精力浪费在路上，也为了方便加班。接连看了几天房，终于租下一间10平方米的卧室，每月房租是我工资的一半。窗户对着走廊，因此我整日拉窗帘，直到我知道有玻璃纸这种东西，房间才终于透光了。而因为没有客厅，又早出晚归，我和其他两个卧室的人至今没聊过天。

刚从四人间研究生宿舍搬出来的时候我很兴奋，终于有独

立卧室了。以后越来越觉得房间阴暗逼仄。下班以后，我不是
在办公室工作就是在咖啡馆写作，深夜才回到住处。有时干脆
彻夜不归，在三里屯晃荡，看看这个城市的夜景，看看三环车
流的汹涌，看看这个城市大得无边无际，我渺小得像一只孤独
的蚂蚁。

我曾谈过一场短暂的恋爱，分手是因为女孩提到结婚。结
婚对我而言过于奢侈，它背后的一系列成本是我支付不起的东
西。我告诉自己，5年之内不去考虑婚姻，而要在人山人海里
享受孤独，在飞扬浮躁里保有宁静。因为我的资源匮乏，因为
我的先天不足，所以我不能像别人一样，必须直奔主题：要成
为我想成为的人，站在足够的高度上回望这一生。

前段时间我刚刚转正，有同事问我，后不后悔来现在的单
位。我想起有一次去外地参加诗歌活动，当地的一名商人问我，
你北大毕业为什么要来《诗刊》做编辑？待遇也不高。我心里
想的是你懂什么？我所在的单位比较小，总共只有20几个人，
好处是领导重用年轻人，我初来就可以被委以重任。我的想法
可以迅速被采纳，我的能力可以得到施展。相比待遇，第一份
工作我更看重平台和机遇，是否能令我迅速成长。何况，还有

一种叫作情怀的东西。

在名流大款经常光顾娱乐的三里屯旁边，某奢侈家居旗舰店院内，《诗刊》社大隐隐于市。我们在这里编诗歌刊物、书籍，开诗歌研讨会，主办诗歌活动，联结全中国的优秀诗人与读者。为这个豪华富贵的城市守住她的高尚雅致，为那些光鲜亮丽的人守住他的云心鹤眼。

当然也有对工作感到厌倦，被领导批得很惨的时候，那时我灰心得想一走了之。我的高中同学，一个比我多漂了两年的北漂劝我要辞职也要慎重考量后再下决定，不要冲动。北漂的自我修养第一条就是要拥有强大的抗压能力。结果熬过那段时光，发展就变得顺利得多。

当然也有觉得自己混得很惨的时候，当那些回到二线城市的同学赚得工资和我一样多，而那里的房价却是北京的1/10；同样是985的毕业生，在二线城市被当作高才生，而在人才济济的北京只能被归类为无车无房的外地人时。我也想过逃离北上广。

那么早在一百多年前，北京的人口还不足一百万时，清朝的北漂过着怎样的生活呢？ 1841年，刚刚参加工作一年、时年30岁的曾国藩给祖父写了一封信，信中写道："孙等在京，别无生计，大约冬初即须借账，不能备仰事之资寄回，不胜愧悚！"生活压力并不亚于今天的北漂。但是仅仅4年以后，曾国藩的官职从从七品升到从二品……这也是首都所独有的无与伦比的机遇。

据统计，2016年末北京常住人口2151.6万人，其中常住外来人口807.5万人。自古京城居大不易，为什么还有那么多人宁愿做北漂，住合租房、挤地铁，也不愿回到二三线城市，过相对轻松的生活？因为不甘心。北京竞争激烈，但也充满机遇，不脱颖而出不甘心；北京房难买、号难摇，但公共资源丰富，放弃全国顶尖的教育、医疗、文化资源不甘心；北京承载着我们对未来美好生活的共同想象，放弃梦想不甘心。我们相信自己终究会凭借天分与勤奋，在北京"居即易矣"，相信子孙后代配得上北京方方面面优越的条件。

记得刚来北京时，对北京尤其是北大的快节奏很不适应，好像每个人都在追赶什么。令我想到一个神话夸父逐日，每个人都在和时间赛跑，每个人都在追求美好愿景。所以我也不能懒惰、拖延、彷徨，停步不前。这是北京这座五朝帝都的少年感。你可以在黄昏日落时怀念从前慢，而年富力强时则仍然要保持孜孜不倦、卧薪尝胆。因为我们这些北漂的人，不该平淡过一生。

最高的仪式感，是把每一天都当作最后一天

如果明天是你一生中最后一天，你该如何度过？

人生难测，这个消息的确令人悲伤，但，至少你还有一天的时间和这个世界好好地谈谈。

你拨通了父母电话，想起好久没和他们联系。聊起近况，你像往常一样报喜不报忧，父母也总是说家里一切安好。但你知道并不总是岁月静好，那些被隐去的细节，才是生活的真相。你后悔和父母沟通得太少，他们的生活应该很不易吧。

你和父母聊了很久，挂掉电话，开始整理房间。有意义的物品放到重要的位置，常用的物品放到显眼的位置。不一会儿工夫，房间就变得干净整洁。你意识到，只要热爱生活，你就有100种方式来提升生活质量、提升幸福感。

你坐在焕然一新的卧室里，准备读一本书。你书架上摆了

那么多书，大都是电商做活动时凑单买的。正当你感慨自己买书如山倒，读书如抽丝，却看到了金克木先生那本《书读完了》……你已没有时间将书读完，但可以读最后一本。你抽出尼采的《查拉图斯特拉如是说》，读它的"夜游者之歌"，读"在所有的永恒之中"。

然后，破天荒地在11点前准时上床，你要拥有一个完整而香甜的睡眠，因为梦境也是生命的一部分。你后悔从未认真地对待过夜晚，星空如梦幻般迷人，而你的呼吸与闪烁的星空感应。你梦到了你朝思暮想的人，回到了你魂牵梦萦的地方，你和那些地方、那些人说再见，你和潜意识的最后一次暗示说再见。

当你生命的最后一天到来，你不会赖床。你会认真地洗漱，刷牙会刷满3分钟，头发会梳得一丝不苟。你会认真地做一份早餐，你有多久没有好好地吃一顿早餐了？你会仔细地品味牛奶、火腿与面包的味道。

你会穿上最得体的衣服，鞋子擦得一尘不染。你会记住早晨的风、阳光和鸽群。记住晨练的老人，早高峰和这座令你没有归属感的城市。

你会像往常一样去上班，你决定处理完因为拖延而堆在手里的活。你意识到工作不仅仅是为了自己，更重要的是为了他人。就像司机为乘客而驾驶，教师为学生走上讲台。你知道你的工作是有意义的，你必须认真对待。

傍晚，你最后一次享受下班后的轻松，就好像今天是寻常的一天。就像没有人能预知死亡，当大限将至，他会以为那是普通的一天。其实没有人的一生会了无遗憾，而我们最大的遗憾是没有认真地生活。

生活永远值得我们盛装出席。把每一次遇见都当作最后一面，那样去祝福吧；把每一段路都当作最后的冲刺，那样去奔驰吧；把每一篇文章都当作封笔之作，那样去创造吧；把每一天都当作最后一天，那样认真生活、认真去爱吧！

你不是迷茫，是拒绝成长

那年我6岁，刚上小学一年级，连《安徒生童话》上的字都认不全。堂叔18岁，辍学在家。他白天找不见人影，晚上回到家，读从朋友那租来的武侠小说。某一天，他把我的《安徒生童话》借去读，被去他家玩的小孩撕得支离破碎。我知道堂叔没钱赔我，趴在他家炕上痛哭流涕。

堂叔的父母在他出生后不久就先后病逝，跟着我的曾祖母一起生活。堂叔18岁时，我曾祖母88岁了，仍每天给堂叔做饭吃。她见堂叔游手好闲，忍不住要教训几句。堂叔正值叛逆期，对说教颇不耐烦，时常能听到两人爆发的争吵。我自然偏向曾祖母，觉得堂叔实在不孝顺。

祖母看他经济上入不敷出，劝他在村里做些短工。尤其是我父亲等几个哥哥，肯定不会亏待他。只要勤快，总可以攒下些积蓄。但堂叔到底是年轻人，做事毛躁，喜欢偷懒。事实上直到我小学毕业，堂叔都没攒下什么积蓄。亲戚朋友给他介绍对象，总是身体或精神上有某种残缺。我对应寻找堂叔身上的残缺，发现并不是失怙失恃，而是他25岁了，依然像小孩子一样没定性。没有方向、格局，也缺乏改变现状的信念与勇气。

堂叔27岁时我曾祖母过世。他失去了最后的庇护，远离故乡来到省城打工。换了一份又一份工作，吃尽苦果，却也苦尽甘来。他像完全变了一个人，不仅拼命努力，还拼命俭省，渐渐地在省城扎下根。使我想起电影《猜火车》第二部中，土豆问雷登是如何戒掉毒瘾的，雷登说是靠远离故乡。在堂叔的故事里，离乡这个仪式象征着成长。

当我高中毕业，去找堂叔玩时，他已经在单位附近买了房。那时他干着三班倒的工作，陪我出去玩时，稍有间歇倒头就能睡着。他将家里布置得井井有条，将花养得生气勃勃，还颇能烧几道拿手菜。至少在我眼里，已经有了成熟的样子。现在的他在某世界500强企业工作，早已结婚。日子虽算不上风生水起，也算是有模有样，殷实而幸福。

小时候，表姐是我眼中的大英雄。虽然她只大我13天，却英明神武。别说类似蚂蟥这种可怕的生物，就连半夜小偷来了她也敢二话不说抄起家伙就追。对于一条虫子都能令我一惊一乍的我，在表姐身边特有安全感。但是她在大人眼里却并不可爱，认为她疯疯癫癫像个假小子。

小学五年级时，表姐和欺负她的男生大打出手。老师来找家长，大概外祖父教训了表姐，表姐一气之下再也没有上学。小学辍学在农村是很平常的事。其实表姐很小时父母就离婚了，她跟着母亲在外祖父家生活。外祖父种地，她就充当一个小劳动力。我眼中表姐的孔武有力，是她常年干活的结果。

表姐上学时低我一个年级，每年用我的旧课本。我去外祖父家时她总是穿着破旧的衣裳在园子里干活。并很快哄骗我和表妹一起换上旧衣服帮她的忙。当我和表妹不来时，不知道她会多么孤独。辍学后的表姐就一直这样在园子里度过她的青春期。她和舅舅们摔跤，将患类风湿的外祖母从炕上单手抱上轮椅，也偷家里的钱给邻居家的小伙伴。

直到我上高中，她离开家去外地做化妆师。17岁的表姐出落得仪态万方，却没能像我堂叔一样因离乡成长。她依然是个孩子，对任何人都不计回报，赚的钱总是很快败光。追她的男孩那么多，她总是选择最渣的一个，然后被伤得彻头彻尾。

在我上大学的时候，她母亲（我二姨）把她叫回老家，她重新回到了童年的园子。不久，表姐竟离家出走，只因为二姨不给她买苹果手机。那段日子全家人心急如焚，不知道表姐在哪里，更不知道表姐的未来在哪里。

表姐的成长是从结婚开始的，她遇到了我现在的姐夫。一个长相普通，却成熟、沉稳，真心待表姐，又懂得经营生活的人。尤其在有了一个可爱的女儿后，表姐已是位十分称职的妈妈。

童年时代力大无比，勇敢倔强，从不认输的表姐现在更加坚韧地生活着。她才27岁，未来才刚刚展开，一切都将更好。

你到过北京站吗？当你在人潮里终于找到接你的朋友，你们去售票点排队买地铁票排了20来分钟，地铁进战安检又排了20来分钟。从火车站出站到地铁站进站，不过百米的距离你走了40来分钟。这是一线城市给你的下马威。

最近，北漂十年的表哥离开北京了。39岁的他没有娶妻生子，无房无车，也没有解决北京户口。他大我12岁，我刚上小学时，他已经参加高考。高考成绩没达到他的预期，他毅然选择复读。再次高考，考入上海外国语大学的阿拉伯语专业。他母亲（我大姨）做环卫工人，工作很辛苦，工资却很低。为凑齐表哥每年的学费、生活费，大姨不得不放下面子，挨着到亲戚朋友那里借钱。记忆中那时大姨总是哭。

表哥以优异的成绩毕业，二外英语也已经考过专八。工作16年，北漂10年。他开始做翻译，到后来做编导；工作地点从上海到埃及，再到苏丹，最后辗转到北京；月薪从3000涨到了2万。而房价也从刚毕业时的均价4000，涨到了刚来北京时的均价2万，再到今天的均价6万。表哥和漂在北上广的年轻人一样，越奋斗，越买不起房。

但表哥也没准备买房。去年，他利用周末将韩语考到了六级。本准备去韩国做驻外记者，结果韩国没有去成，却得到一份去迪拜的工作机会。前天和他一起吃饭，他说寄了100多本书到那边，因为他保持着每3天阅读一本书的习惯。并且准备开始学习泰语。

在北大读书时，我的导师张辉教授要求我们必须做一个"读书种子"。这也是他的导师乐黛云先生对学生的要求。毕业一年，我自愧没有做到，却在毕业16年的表哥身上看到了如何做一个读书人。我们可能奋斗10年、20年也买不起一套房，但这并不妨碍我们成为最好的自己。就像村上春树在《挪威的森林》中说："尽管有点孤独，尽管带着迷茫和无奈，但我依然勇敢地面对，因为这就是我的青春，不是别人的，只属于我的。"

导师曾经在谈到"危机"这个词时说："危机并不完全是坏事，因为'危'的后面还有'机'"。其实同样，"迷茫"也不完全是坏事。迷茫指生活或者工作不知道该如何进展，没有方向感。但至少有路可走。无路可走不叫迷茫而叫绝望。

我们有那么多迷茫的时刻，比如高考报志愿，工作还是考研；比如选择一份什么样的工作，发展受限制时该不该辞职；比如选择什么样的人做男女朋友，激情消失时该不该分手；该做个孩子还是做个大人；该坚持还是改变；该活成大家期待的样子，还是过内心平和的日子……

你仔细斟酌，衡量收益与风险。你常常拿不定主意，陷入迷茫，陷入选择的迷茫，陷入选择标准的迷茫。选择的标准究竟应该是什么？是收益与风险吗？我觉得是：能让你成长，符合你的初心，引导你成为想成为的人。只有这样，我们才能不计眼前的得失，也无论艰难险阻。

秋天总会到来，你要做一个成熟的果实。你要知道自己是谁，你要蓬勃生长。历经风雨，也听莺啼燕语；熬过酷暑，也沾霜沐露。然后，秋天来了，你不必长得多么硕大。但你的头顶有秋阳，心中有蜜糖。如海子所说："你来人间一趟／你要看看太阳。"